青海省祁连山区生态系统服务价值核算研究

窦筱艳　杨威杉　马　超　彭　菲 / 主编

中国环境出版集团・北京

图书在版编目（CIP）数据

青海省祁连山区生态系统服务价值核算研究/窦筱艳等主编. —北京：中国环境出版集团，2022.9
ISBN 978-7-5111-5307-4

Ⅰ. ①青… Ⅱ. ①窦… Ⅲ. ①祁连山—生态系—服务功能—评估—研究—青海 Ⅳ. ①Q147

中国版本图书馆 CIP 数据核字（2022）第 164954 号

出 版 人　武德凯
责任编辑　雷　杨
责任校对　薄军霞
封面设计　彭　杉

出版发行　中国环境出版集团
（100062　北京市东城区广渠门内大街 16 号）
网　　址：http：//www.cesp.com.cn
电子邮箱：bjgl@cesp.com.cn
联系电话：010-67112765（编辑管理部）
发行热线：010-67125803，010-67113405（传真）

印　　刷　北京建宏印刷有限公司
经　　销　各地新华书店
版　　次　2022 年 9 月第 1 版
印　　次　2022 年 9 月第 1 次印刷
开　　本　787×960　1/16
印　　张　13.5
字　　数　360 千字
定　　价　78.00 元

《青海省祁连山区生态系统服务价值核算研究》

编 著 委 员 会

前　言

党的十八大报告把生态文明建设纳入“五位一体”总体布局，要求加强生态文明制度建设，把资源消耗、环境损害、生态效益纳入经济社会发展评价体系。党的十八届三中全会明确指出，健全自然资源资产产权制度和用途管制制度，探索编制自然资源资产负债表，对领导干部实行自然资源资产离任审计，建立生态环境损害责任终身追究制度。党的十九大报告提出必须树立和践行“绿水青山就是金山银山”的理念，形成绿色发展方式和绿色生活方式，建立市场化、多元化的生态补偿机制。这是党中央、国务院关于生态文明建设的重要战略部署和制度创新，对中国未来资源环境保护和经济社会发展产生深远影响。在此背景下，青海省政府批复了青海省祁连山区山水林田湖生态保护修复试点项目实施方案，对祁连山区生态系统服务价值评估提出了明确的要求。

祁连山区河流纵横、湿地广布、冰川存量大，孕育了广袤的森林、草原，呈现出典型的高原复合生态系统。祁连山区是西北地区极其重要的生态区，是内陆河流石羊河、黑河和疏勒河的发源地和径流形成区，是河西走廊、河湟地区、青海湖盆地、柴达木盆地最重要的淡水供给地，对维系甘肃河西绿洲和内蒙古西部绿洲的水源起到了重要作用。祁连山区是国家冰川与水源涵养重点生态功能区，其水资源调蓄、水源涵养、水土保持和水量供给的生态服务功能显著，是维护周边各生态系统稳定、阻隔西部荒漠生态系统侵入的重要生态功能区。

根据国内外已有生态系统服务价值核算的框架和方法，课题组提出符合青海省祁连山区生态系统特征的核算方法框架，以生态系统提供产品和服务的功能量与价值量为基础，通过核算生态系统服务价值，借助生态系统服务价值大小及其变化趋势，定量刻画祁连山区生态系统运行的总体状况，评估生态系统对人类福祉的贡献。本研究对青海省祁连山区海东市的民和县、互助县和乐都区，海北州的祁连县、刚察县、海晏县和门源县以及属于海西州的天峻县，分县（区）核算2011年、2015年、2017年生态系统供给服务、固碳调节、微气候调节、水源涵养、防风固沙、物种保育等多种生态系统服务的实物量和价值量，对核算结果开展综合分析。通过生态系统服务价值核算可以明确生态系统所提供的产品和服务，并把没有在国民经济核算体系中体现的生态系统服务价值加总到GDP中，从而更加全面地反映青海省祁连山区的经济发展与生态保护。根据生态系统服务价值核算结果，进一步梳理国家和青海省祁连山区已有生态补偿政策、生态文明建设目标和绿色发展绩效考核制度等，提出以生态系统服务价值评估为导向的生态补偿政策研究方法，基于生态系统服务价值的生态补偿标准计算结果，提出健全青海省祁连山区生态补偿政策和区域绿色发展绩效考核的建议，通过本课题的研究为区域生态环境保护、经济社会发展、生态系统保护与修复等，提供支撑与参考。

本课题是由青海省生态环境监测中心与生态环境部生态环境规划院共同完成，《青海省祁连山区生态系统服务价值核算研究》的编写与出版得到了“青海省祁连山区山水林田湖草生态保护修复试点项目”和“国家自然科学基金（42277491）”的支持，同时也得到了青海省生态环境厅、青海省统计局、青海省自然资源厅、中国科学院地理科学与资源研究所、中国环境出版集团有限公司、青海省生态环境监测与评估重点实验室、国家环境保护青藏高原生态环境监测与评估重点实验室等单位，以及相关领域专家、技术人员的大力支持，在此一并致以诚挚的谢意。

因编写时间仓促、编者水平有限，难免有错漏之处，敬请专家、学者和同仁批评指正。

编　者

2022年4月

目　录

第 1 章

青海省祁连山区自然及社会经济状况

1.1 自然概况

1.1.1 地理位置

祁连山地处青藏高原东北部，是我国著名的高大山系之一，平均海拔 4 000～4 500 m，地跨青海、甘肃两省，本研究针对青海省祁连山地区，地理范围为 35.81°～29.21°N，96.94°～103.09°E。祁连山区东部和北部至青海、甘肃两省省界，西到赛什腾山，接党金山口，南到祁连山支脉宗务隆山、青海南山和拉脊山。项目区下辖 8 个县（区），分别是海东市的民和县、互助县和乐都区，海北州的祁连县、刚察县、海晏县和门源县以及海西州的天峻县（图 1-1），项目区总面积为 67 725.65 km^2。

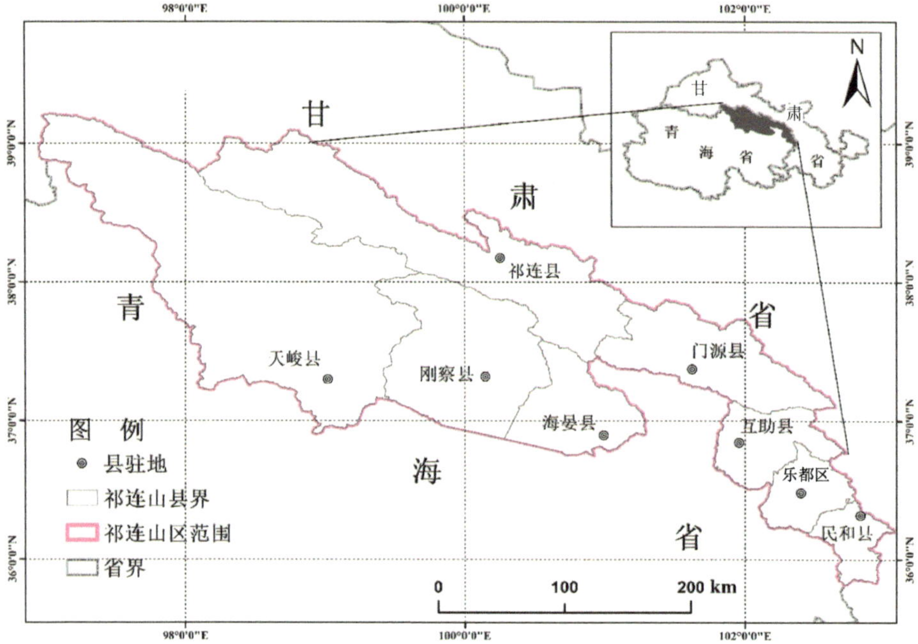

图 1-1 青海省祁连山区空间位置

1.1.2 地形地貌

青海省祁连山区地形复杂，经过漫长的地质历史演变，最终发育形成了以山地、谷地和盆地等地貌单元为主的地貌格局，山高谷深。祁连山区以山地为主，西段主要有土尔根达坂山、柴达木山、走廊南山、托勒山、托勒南山、疏勒南山等山体，还有黑河、托勒河、疏勒河和哈拉湖盆地；东段主要有冷龙岭、大通山、大坂山等一系列山脉还有大通河谷地。南北侧以及东侧相对起伏较大，山间盆地和宽谷海拔为 3 000～4 000 m，谷地较宽，南北两侧洪、冲积平原或台地发育。疏勒南山以东的黑河、疏勒河、大通河和布哈河等河源区宽谷盆地海拔 4 100～4 200 m。海拔 4 500～5 000 m 的山区，现代冰川和古冰川作用的地貌类型较丰富，多年冻土下界高程一般为 3 500～3 700 m，大多数山地和一些大河上游都发育着冰缘地貌（图 1-2）。

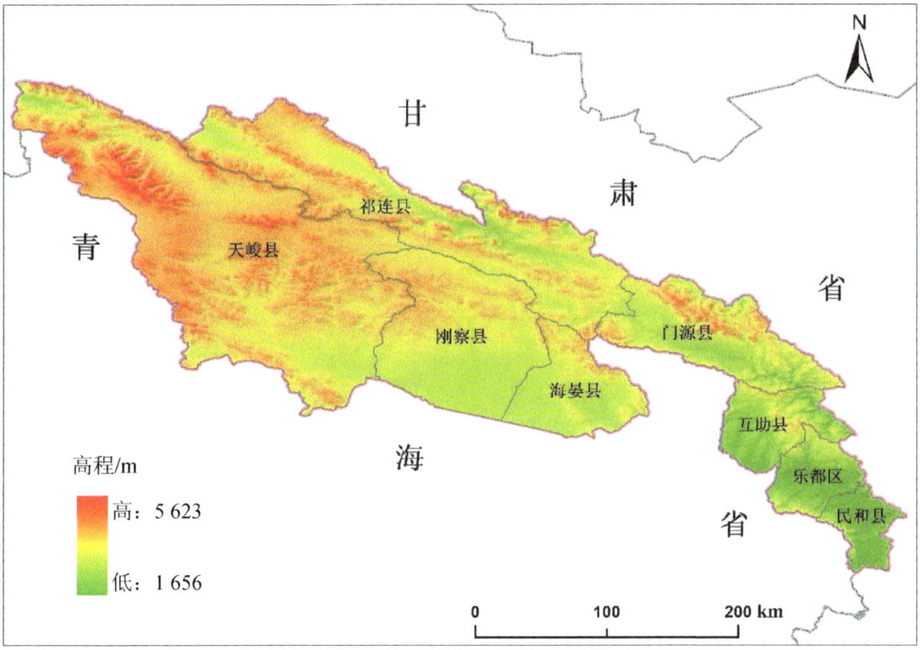

图 1-2 青海省祁连山区数字高程

1.1.3 气候气象

青海省祁连山区属高原大陆性气候，是气温分布图上的冷区。气温日差较大，冷季长，暖季短，干湿分明，雨热同季、垂直变化明显。由于地形的抬升作用，区域东南部降水相对充足，气候比较湿润，西北部降水减少，气候比较干燥。年均气温和降水量的分布大体由东南向西北逐渐降低，日照时数与日照率则相反。年均气温为−1.4～9.6℃，最高气温为 37.6℃，最低气温为−35.8℃。年均降水量为 138.49～520.00 mm（图 1-3），降水集中，5—9 月占年降水量的 83%（门源）至 92%（托勒）。蒸发量远大于降水量，无霜期为 23.6～193 d。光能资源丰富，总辐射量为 5.916×10^9～15×10^9 J/m^2；年日照时数为 2 500～3 000 h，日照百分率为 55%～70%。平均风速为 1.30～3.88 m/s。

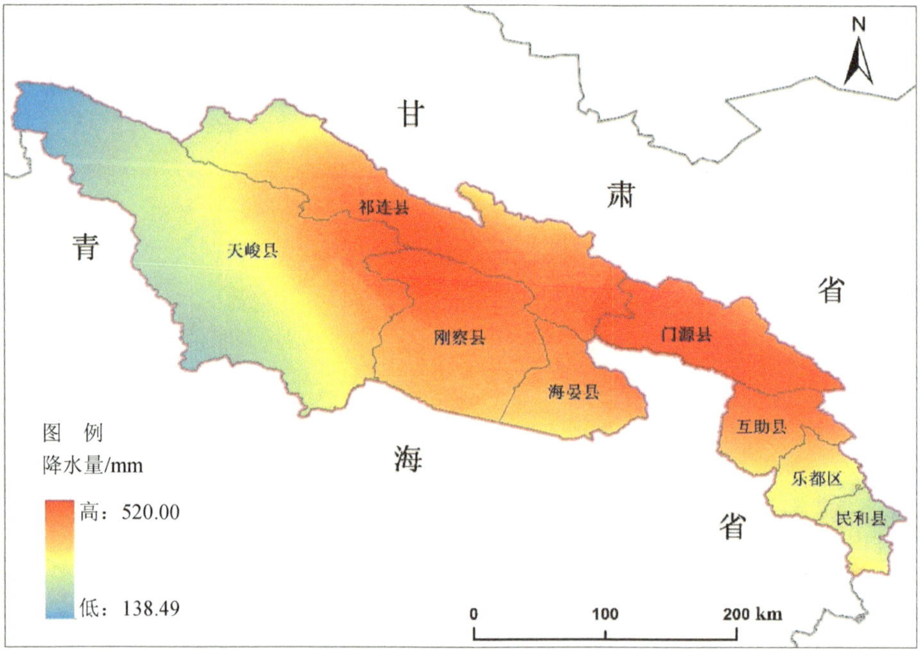

图 1-3 青海省祁连山区降水量空间分布

1.1.4 水文水系

青海省祁连山区水系分布整体呈辐射——格状，沿冷龙岭至毛毛山一线，再沿大通山、日月山至青海南山东段一线为内外流域分界线。东南侧属外流水系，包括黄河重要支流——大通河。西北侧属内陆水系，主要包括黑河、哈拉湖和青海湖等内陆水系，80 余条大小河流均发源于此。黑河水系包括黑河、托勒河、疏勒河、党河等。青海湖、哈拉湖为两个独立的内陆湖水系，多为降水和冰雪融水补给型，径流深为 10～400 mm，特点与地形、降水的分布一致，随海拔升高而逐渐增大，呈现由河谷向山区递增的趋势（图 1-4）。

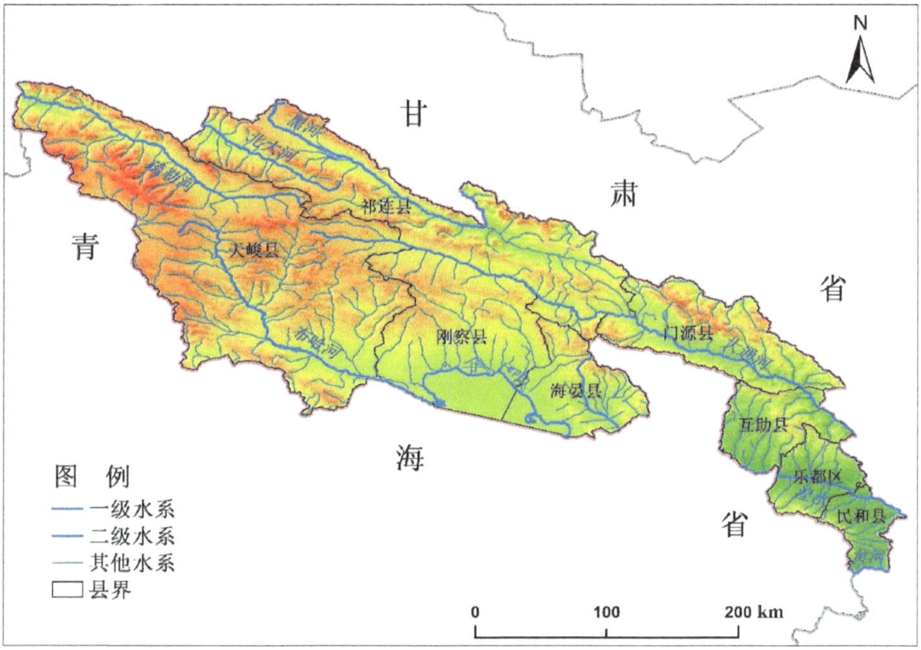

图 1-4　青海省祁连山区各级河流水系分布

1.1.5　植被覆盖

青海省祁连山区主要植被有乔木林、灌丛、草原和草甸（图 1-5）。乔木林包括天然林和人工林。天然林主要有青海云杉、祁连圆柏、红桦、白桦、山杨等，人工林主要有青杨、柳、榆、白桦等。灌丛包括河谷滩地灌丛、荒漠灌丛和高寒灌丛。河谷滩地灌丛主要分布在海拔 2 800～3 500 m 的沟谷与滩地地区，植物种有沙棘、金露梅、柽柳、锦鸡儿、白刺等。荒漠灌丛主要分布在柴达木盆地，植物种有白刺、膜果麻黄、柽柳、小叶锦鸡儿等。高寒灌丛主要分布在海拔 3 400～4 000 m 的山地阴坡、半阴坡，植物种有高山柳、金露梅、杜鹃、箭叶锦鸡儿、窄叶鲜卑花等。

青海省境内的草原可划分为温性草原和高寒草原。温性草原（含温性荒漠）主要分布在祁连山西段的柴达木盆地和大通河下段山地，优势种为大针茅、克氏针茅、沙生针茅、芨芨草、扁穗冰草和青海固沙草；高寒草原（含高寒荒漠）主要分布在海拔 3 400 m 以上的滩地和阳坡，优势种为紫花针茅和其他杂类草。草甸包括山地草甸、高寒草甸和盐生草甸。高寒草甸主要分布在海拔 3 000 m 以上的阴坡、阳坡、半阴坡等石山以下的地带，优势种以嵩草属和苔草属植物为主；高寒草甸中的沼泽化草甸主要分布在海拔 4 000 m 以上的滩地和湖盆低地，优势种为西藏嵩草、苔草等。

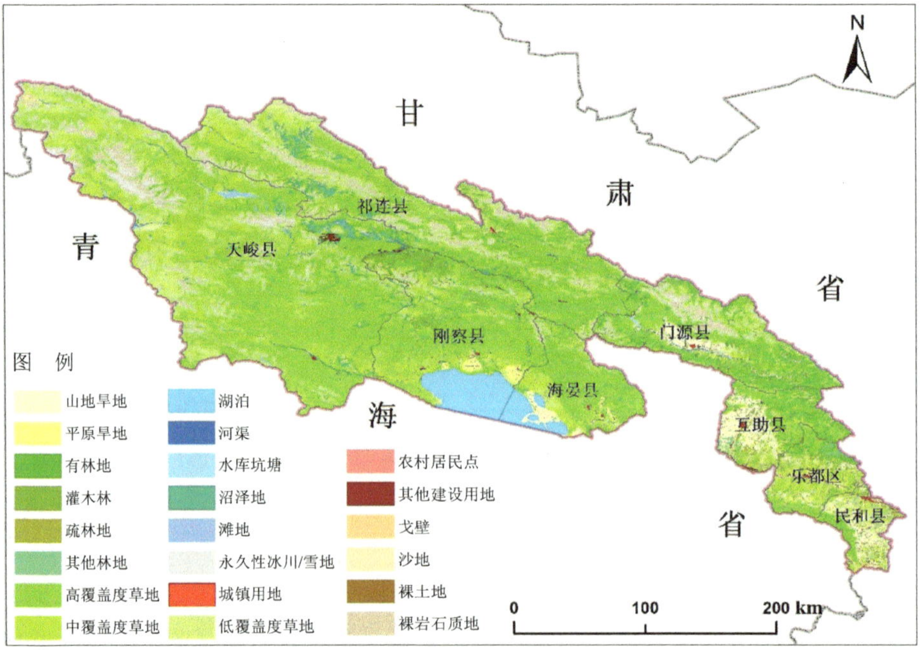

图 1-5 青海省祁连山区土地覆被类型空间分布

1.1.6 土壤类型

青海省祁连山区土壤类型多样，垂直地带性分布明显（图 1-6）。祁连山东段土壤类型按海拔高度由低到高依次为灌淤土、灰钙土、淡栗钙土、耕地栗钙土、栗钙土、暗栗钙土、耕作黑钙土、石灰性灰褐土、山地灌丛草甸土、山地草甸土、亚高山灌丛草甸土和石质荒漠土。在高海拔的祁连山中段，土壤类型主要有高山寒漠土、高山草甸土、高山草原土、山地草甸土、灌丛草甸土和沼泽土。祁连山西段土壤类型按海拔高度由低到高依次为棕钙土、石灰性灰褐土、山地草原草甸土、高山草原土、高山寒漠土等。

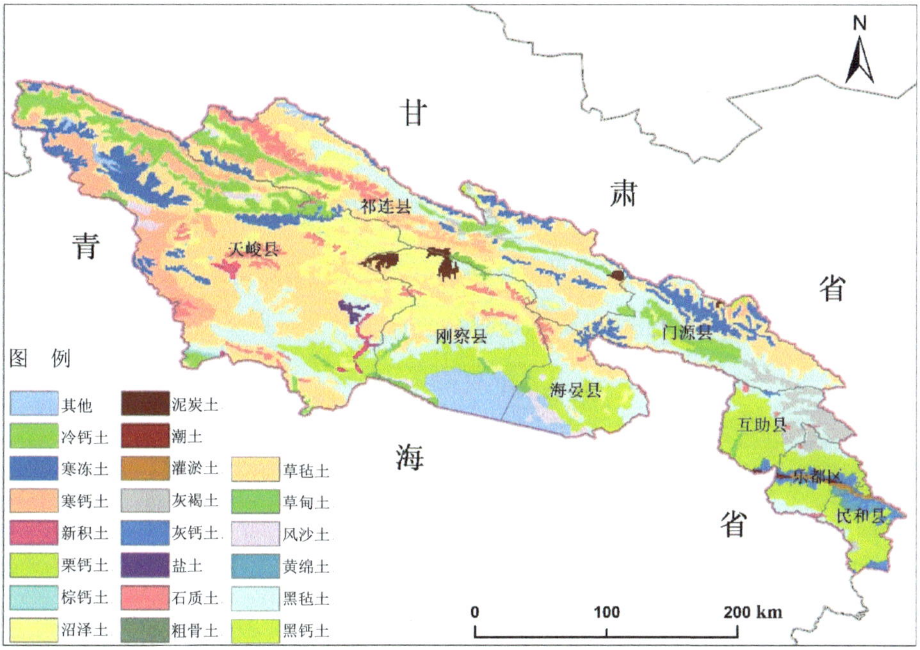

图 1-6　青海省祁连山区土壤类型空间分布

1.1.7　土地资源

青海省祁连山区土地资源以草地为主。对 2017 年祁连山区的土地利用类型进行分级统计（表 1-1），其中一级类型包括农田、林地、草地、湿地、城镇建设用地和未利用地；二级类型细分为 22 个类别，经统计青海省祁连山区土地总面积为 67 725.65 km^2，其中农田面积为 2 808.58 km^2，林地面积为 8 338.65 km^2，草地面积为 41 609.18 km^2，湿地面积为 5 586.87 km^2，城镇建设用地面积为 885.88 km^2，未利用土地面积为 8 496.48 km^2，分别占祁连山区土地总面积的 4.15%、12.31%、61.43%、8.25%、1.31%和 12.55%。各类土地中草地占比最高，其次是未利用土地，二者合计占土地总面积的 73.99%。山地旱地、灌木林地、高覆盖度草地、湖泊、其他建设用地和裸岩石质地是占比最大的二级类型土地。

表 1-1　2017 年青海省祁连山区土地利用构成　　单位：km^2

一级类型	二级类型	面积
农田	总计	2 808.57
	山地旱地	2 052.35
	平原旱地	756.22
林地	总计	8 338.65
	有林地	2 474.17
	灌木林地	5 400.81
	疏林地	159.25
	其他林地	304.42
草地	总计	41 609.18
	高覆盖度草地	25 689.15
	中覆盖度草地	5 788.11
	低覆盖度草地	10 131.92
湿地	总计	5 586.87
	河渠	713.79
	湖泊	2 093.22
	水库坑塘	54.37
	沼泽地	1 499.70
	永久性冰川/雪地	486.54
	滩地	739.25
城镇建设用地	总计	885.88
	城镇用地	57.96
	农村居民点	292.06
	其他建设用地	535.86
未利用土地	总计	8 496.48
	沙地	294.72
	戈壁	17.75
	裸土地	48.13
	裸岩石质地	8 135.88
总计		67 725.63

1.1.8 矿产资源

青海省祁连山区矿产资源丰富，素有“万宝山”之称，蕴藏着种类繁多、品质优良的矿藏，矿产资源主要有石棉矿、黄铁矿、铬铁矿及铜、铅、锌等多种矿产，矿业已逐步成为青海省祁连山地区的重要产业。尤其北山—祁连成矿带是青海重要的成矿带之一，已发现铜、金、铁、铬、铅、锌等25种矿产，矿点200多处。

1.1.9 生物资源

青海省祁连山区地处青藏高原、黄土高原和蒙古高原的过渡地带，具有典型的高山冰雪、森林、草原和湿地生态系统，生物资源丰富，祁连山自然保护区为我国35个生物多样性保护优先区域之一。祁连山区分布有高等植物共68科，257属，616种。其中，蕨类植物有8科，9属，11种，占全省蕨类植物种数的27.5%；裸子植物有3科，3属，6种，占全省裸子植物种类的20.0%；被子植物有599种，隶属245属，57科，占全省被子植物种类的25.5%。祁连山区主要有乔木树种、灌木树种和药用植物以及林下食用植物。乔木树种主要有青海云杉、祁连圆柏、小叶杨、山杨、白桦、红桦、糙皮桦、冬瓜杨、垂杨等；灌木树种主要有沙棘、锦鸡儿、忍冬、蔷薇、枸子、花楸、小檗、茶藨子、鼠李、卫矛、绣线菊、柳、金露梅等；药用植物主要有冬虫夏草、党参、雪莲、大黄、红景天等20余种；林下食用植物主要有蘑菇、地衣、鹿角菜、松菇、柳花菜、羊肚菌等20余种。其中，国家Ⅰ级重点保护植物有绶草、短芒披碱草、冬虫夏草。省级保护物种有麻花艽、椭圆叶花锚、蕨菜。此外，祁连圆柏、羌活为《中国物种红色名录》中的易危种。

青海省祁连山区动物资源相对丰富，有白唇鹿、藏原羚、普氏原羚、中华鼢鼠、间颅鼠兔、红耳鼠兔6种中国特有物种。国家一级保护动物有雪豹、藏野驴、马麝、梅花鹿、白唇鹿、野牦牛、普氏原羚等。国家二级保护动物有兔狲、棕熊、马鹿、藏原羚、鹅喉羚、中华鬣羚、岩羊、豺、水獭、石貂、豹猫、荒漠猫、猞猁、马麝、林麝、藏雪鸡、血雉、蓝马鸡、鸢、雀鹰、大鵟、普通鵟、草原雕、秃鹫、白尾鹞、游隼、猎隼、燕隼、红隼、雕鸮、纵纹腹小鸮、长耳鸮、短耳鸮等。特色鱼类有青海湟鱼。

1.2 区域生态环境概况

1.2.1 祁连山是我国重要的生态功能区，生态地位突出

1980 年，国务院批准祁连山林区为我国重要水源涵养林区。1992 年 2 月，林业部和世界自然基金会合作召开的中国自然保护优先领域研讨会上，祁连山自然保护区被确定为 40 个具有国际意义的保护区之一。1994 年祁连山自然保护区被中国生物多样性保护行动计划确定为中国森林生态系统的优先保护区之一。1995 年 9 月，祁连山自然保护区被中华人民共和国人与生物圈国家委员会（以下简称中国人与生物圈国家委员会）批准纳入中国人与生物圈保护区网络。2000 年保护区被国家整体纳入国家天然林保护工程区。2004 年被认定为国家重点生态公益林。2008 年在环境保护部公布的《全国生态功能区划》中将祁连山区确定为水源涵养生态功能区，确定祁连山山地水源涵养重要区为全国 50 个重要生态服务功能区之一。2010 年《中共中央 国务院关于深入实施西部大开发战略的若干意见》（中发〔2010〕11 号）将祁连山生态区纳入青藏高原江河水源涵养区，指出开展以提高水源涵养能力为主要内容的综合治理，保护生物多样性。2010 年国务院常务会议第 126 次会议审议通过的《中国生物多样性保护战略与行动计划》（2011—2030 年）中，祁连山区被确定为我国 35 个生物多样性保护优先区域之一。2010 年 12 月国务院发布的《全国主体功能区规划》将祁连山水源涵养生态功能区确定为全国 25 个重要生态功能区之一，并划为限制开发区，将国家级自然保护区划为禁止开发区。2012 年 2 月国务院批复的《西部大开发“十二五”规划》将祁连山区纳入青藏高原江河水源涵养区，确定为西部地区的重点生态区，指出要开展以提高水源涵养能力为主要内容的综合治理，保护草原、森林、湿地和生物多样性，扎实推进祁连山水源涵养区等生态安全屏障保护与建设。

1.2.2 生态系统本底脆弱、质量总体偏低

青海省祁连山区海拔高，气候恶劣，自然条件严酷，生态系统及其不同的生态类型均表现出特有的复杂性和脆弱性，自我维持能力和受到外界干扰后的修复能力较差，生态环境的敏感性和不稳定性较为突出，是我国生态环境十分脆弱的地区之一。从生态系统质量的角度来看，祁连山区自然生态系统的生物量、植被覆盖度、净初级生产力等生态系统质量参数与同类生态系统相比均处于低或较低等级。祁连山区生态系统以草地为主，占比为 61.44%，但草地质量整体不高，以高寒草甸植被为主，中部牧草长势偏差，西部牧草长势一般，东部牧草长势较好；优良级草地占总面积的 40%，中级草地占总面积的 10%，差级草地占总面积的 15%。祁连山区森林面积相对较少，2017 年森林面积为 8 338.7 km^2，占比为 12.3%，但优良级的森林面积不到 4%，单位面积蓄积量和生产力均处于较低水平，且仅分布在东部、南部水热条件适宜的高山林线以下地带。2017 年，全省 55.96%的面积生态环境状况等级为一般，5.55%的面积生态环境状况等级为较差，生态系统总体质量偏低。从空间上来看，青海省祁连山大通河流域干流区与河源区、黑河流域河源区、青海湖北部汇水区的植被覆盖均以中高覆盖为主，疏勒河—哈拉湖汇水区的植被覆盖类型以低覆盖为主。

1.2.3 受人类活动干扰，草地退化和沙化问题依然存在

祁连山地处青藏高原、黄土高原和蒙古高原的过渡地带，具有典型的高山冰雪、森林、草原和湿地生态系统，发挥着保持水土、涵养水源、调节气候、固碳释氧、保护生物多样性等多种生态服务功能，是黑河、石羊河和疏勒河三大内陆河水系及黄河主要支流，是大通河、庄浪河的发源地。随着全球气候变暖和人类活动无序干扰，祁连山区脆弱的生境面临着草地退化、沙化、水土流失加剧、雪线上升、冰川减少等生态环境问题。“青海省祁连山区山水林田湖草生态保护修复试点”项目的子项目“祁连山生态环境本底监测与调查评估项目”研究结果显示，1990—2010 年青海省祁连山区呈现出林地面积不断增加、草地面积明显减少、耕地面积持续减少、湿地面积趋于减少、人工用地持续增加的态势。祁连山区有潜在沙漠化土地总面积为 48 878.53 km^2，占 85.39%；发展中的沙漠化土地总面积为

7 723.05 km^2，占 13.49%；强烈发展中的沙漠化土地总面积为 339.08 km^2，占 0.59%；严重沙漠化土地总面积为 303.69 km^2，占 0.53%。祁连山区沙地面积主要分布在哈拉湖北边、疏勒南山以南的山麓地区、托勒河上游、黑河和大通河中上游的河滩地。冻融侵蚀强度整体上表现为西部强、东部弱，侵蚀强度最高达五级，主要分布在天峻县西北部区域；侵蚀强度最低为一级，主要分布在祁连县、刚察县等地。

1.2.4 祁连山区气候变化呈现暖湿特征，冰川和冻土退化严重

据祁连山区气象站点多年数据资料显示，祁连山区各站点多年蒸发量均呈现不同程度的增加趋势。20 世纪 80 年代开始变湿变暖；90 年代温度继续上升，可利用降水量较前期减少，为暖干期；进入 21 世纪后又开始增温增湿，转为暖湿期。冰川和多年冻土是祁连山冰冻圈环境的主要组成部分，在目前气候变暖背景下和人类活动加剧的影响下，祁连山冰川和多年冻土已出现明显退化。《青海省冰川冻土现状与变化趋势报告》显示，青海省祁连山二次编目冰川相比一次编目冰川条数减少了 125 条，面积减少了 198.22 km^2；2016 年相比二次编目冰川条数减少了 16 条，面积减少了 23.36 km^2。同时，祁连山区多年冻土温度升高，升温速率为 0.019～0.508℃/10a，平均升温速率为 0.137℃/10a。祁连山冰川和多年冻土退化将对祁连山地区的水资源安全、生态平衡、社会经济的可持续发展造成不可逆转的负面效应。首先，冰川融水量增加，导致地质灾害风险加剧。祁连山区冰川年内消融期延长和融化强度增加，虽然提高了内陆河有效的供水量，但也会导致冰川洪水、滑坡、泥石流等地质灾害发生的频率增加。其次，冰川面积大规模减少，导致高山区地表裸露岩石不断扩大，造成局地荒漠化。最后，多年冻土持续退化，影响生态功能保持稳定。多年冻土地温持续升高，整体上多年冻土温度向 0℃集中，未来会有更大面积的多年冻土消融，沼泽干化速度加剧，失去涵养水源功能，如图 1-7 所示。

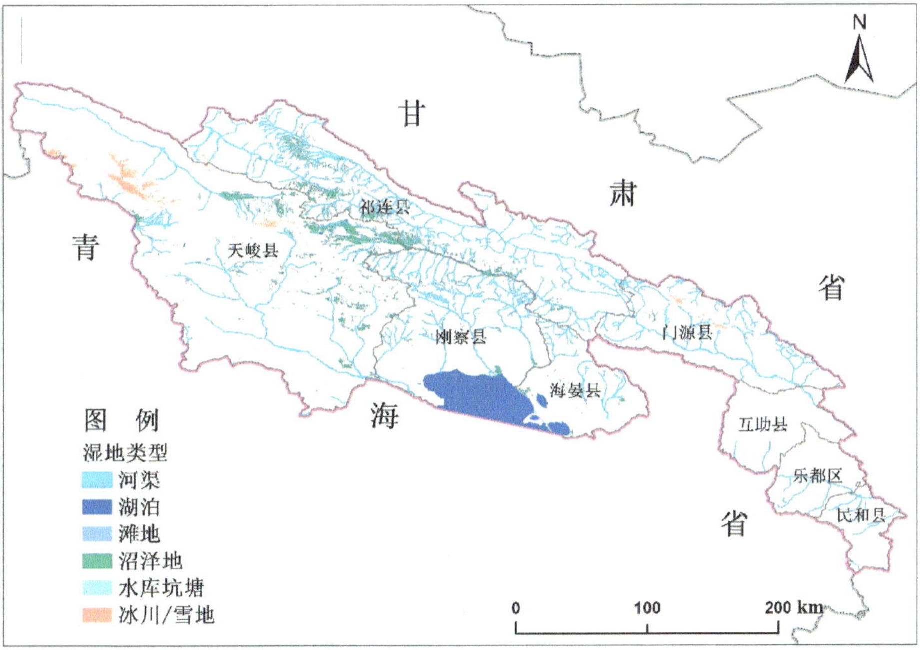

图 1-7 青海省祁连山区湿地分布

1.2.5 矿产资源布局与生态空间冲突较大，开发与保护矛盾突出

祁连山区矿产资源丰富，开发布局与生态空间存在一定冲突，产生了一系列生态环境问题。“青海省祁连山区山水林田湖草生态保护修复试点”项目的子项目“祁连山生态环境本底监测与调查评估项目”研究显示，1985—2016 年青海省祁连山区矿山面积与图斑数量均呈现持续增加的趋势，面积由 1985 年的 25.77 km^2 增至 2016 年的 97.98 km^2，其中以 2010—2016 年矿山面积与图斑数量增长幅度最大。祁连山区矿产资源的开发对生态环境的破坏力度较大，例如祁连山地区砂金矿区的开采造成了河谷的植被随地表黏土层和含金砂砾亚黏土被刮去 1 m 厚，因此河谷草场退化严重。祁连山地区木里矿区煤矸石淋滤水、矿井水及选煤水等煤矿废水造成了水土环境的污染，抑制了矿区植被的生长。遗弃砂石料场多分布于环青海湖城镇周边地带，开采时间较长，对地质环境破坏严重，并由此引发周边草地的退化、水土流失加剧、水源涵养能力降低等现象。

1.3 经济概况

1.3.1 祁连山区总人口略有增长，农村人口占比较高

青海省祁连山区位于青海省东北部，与甘肃省西部接壤，涉及海东市、海西州、海北州 3 个地区，共 8 个县（区），祁连山区是青海省的北部屏障，也是我国重要的生态安全屏障。区域内草场面积较大，其中祁连县天然草场面积为 1 679.3 万亩①，是青海省主要的畜牧基地，所以祁连山区农村人口占多数。2011—2017 年，祁连山区总人口略有增长（图 1-8），由 138 万人增加到 145 万人，人口主要集中在海东市的民和县、乐都区和互助县，3 个县（区）人口占该区域总人口的 89%；2011—2017 年祁连山区城镇化率略有提高，由 13.8%增长到 16.6%，除海晏县和刚察县城镇化率较高外，其余 6 个县城镇化率均在 25%以下。该区域民族众多，有汉、藏、蒙、回等 15 个民族。

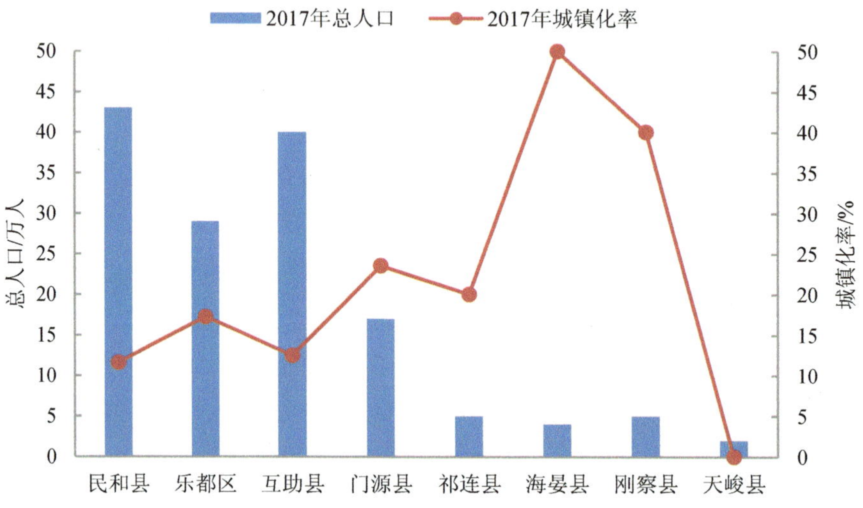

图 1-8 2017 年青海省祁连山区人口、城镇化率情况

① 1 亩≈667 m^2。

1.3.2 祁连山区经济不断增长，第一产业所占比重持续增加

2011—2017 年祁连山区 GDP 由 251.1 亿元增长到 384.2 亿元，提高了 53%，同期青海省 GDP 增长 57.1%，祁连山区经济发展速度基本与全省同步，海东市的民和县、乐都区、互助县以及海北州的祁连县、门源县的 GDP 增长较快，均增长 100%以上。祁连山区第一产业、第三产业比重均呈现增长趋势，第一产业比重由 2011 年的 19.2%下降到 2017 年的 17%，减少了 2.2 个百分点，同时，祁连山区作为青海省重要农牧业基地，第一产业增加值约占全省第一产业的 30%；第三产业比重由 25.5%增加到 36%；第二产业比重不断下降，由 57.1%下降到 47%（图 1-9）。

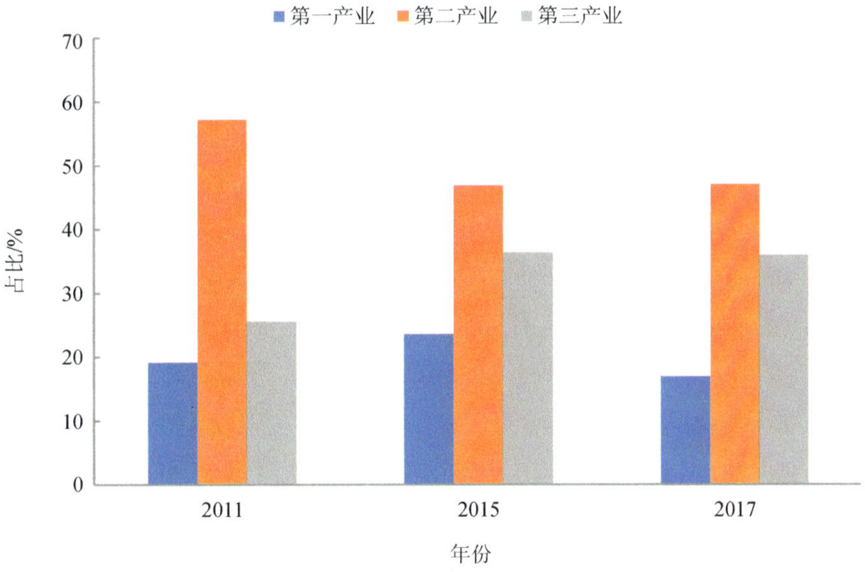

图 1-9　2011—2017 年青海省祁连山区经济变化情况

1.3.3 祁连山区转变农业发展方式，加快生态农业产业化发展

祁连山区农牧业主要集中在海东市的民和、乐都、互助 3 个县（区），以及海北州的门源县和祁连县，以上 5 个县（区）第一产业占该区域第一产业产值的

89.2%，其中互助县农业产值最高，2017 年为 19.3 亿元，互助县是青海省农业大县，近年来互助县以特色化、规模化、设施化、标准化、产业化为发展方向，积极发展绿色生态循环农业，是农业部认定的第一批国家农产品质量安全县、马铃薯和油菜区域性良种繁育基地、全国休闲旅游和乡村旅游示范县。2011—2017 年民和县、乐都区、互助县、门源县和祁连县农业增加值分别提高 0.8%、53.8%、43.9%、55.3%和 88.3%。其中祁连县增长最为迅速，近年来祁连县加快农牧业产业化发展，以农牧业供给侧结构性改革为核心，转方式、调结构，全县农牧业产业结构、主体功能、空间布局不断优化，形成了以藏羊、牦牛为主导，牛奶、禽肉、鹿产品、青稞、油菜、中藏药材、黄菇，林下鸡、草原生态鸡、野生鹿、藏香猪等为特色畜禽产业的结构特色。获得全国休闲农业与乡村旅游业示范县、全国有机农业示范基地、全国草地生态畜牧业试验区试点县称号。

1.3.4 祁连山区旅游资源丰富，加快生态旅游发展

祁连山区是青海省重要的高原生态旅游目的地，在全省“一圈三线”旅游战略布局中处于北线的核心位置，区域内旅游资源较为丰富的地区是祁连县、门源县和海晏县。其中，祁连县多样性的地理地貌构成了草原、雪山、林海、峡谷、冰川等独特的原生态景观，悠久的历史、多样的民族宗教文化构成了多姿多彩的人文景观，使祁连县旅游资源具有原始性、神秘性、多样性、生态性兼容的特点，是大美青海的缩影。有天境祁连、东方瑞士等美誉，有中国最美丽的六大草原之一——祁连山草原，中国百大避暑名山——牛心山，国家 4A 级旅游景区——祁连风光等。门源县最有特色的是花开千顷、香飘万里的百里油菜花海，30 万亩灿烂绚丽的油菜花是全国乃至全世界的绝版高原奇观。海晏县以草原旅游为主，著名的金银滩草原地势平坦，沃野千里，尤其在夏季以其凉爽的气候、绿草如茵的环境吸引着国内外游客。近几年，祁连山区开展了一批生态建设项目，各区县以推进生态环境建设为先导，着力构建绿色经济生态系统，大力发展生态旅游业。

第 2 章

生态系统价值核算的理论框架

2.1 国内外研究现状

生态系统在为人类直接提供生产和生活产品的同时，还为人类提供着间接的服务，其变化与人类福祉密切相关。工业革命以来，人类活动加剧，对生态系统造成较大的影响，生态系统的结构和功能出现严重失调，影响到人类社会的可持续发展，生态系统服务与价值评估日益受到学界关注。本章从生态系统服务与价值评估的理论框架和评估方法两个方面进行国内外经验的总结。

2.1.1 生态系统服务评估的理论框架

（1）国外研究现状

1）千年生态系统评估

在众多关于生态系统服务评估的理论研究与实践中，Costanza 的研究影响较大，他明确了生态系统功能与生态系统服务的内涵，强调了估价方法的选择应基于消费者对生态系统服务的支付意愿，并形成较为完善的评估框架。在他研究的基础上，2001 年，联合国发起了千年生态系统评估（Millennium Ecosystem Assessment，MA），这是世界上首个针对全球生态系统开展的大尺度、综合性评估项目。MA 报告提出了评估生态系统与人类福祉之间相互关联的框架，并建立了评估方法和指标体系。

MA 将生态系统服务划分为 4 类：支持服务、产品供给服务、调节服务、文化服务。其中，支持服务是其他 3 类生态系统服务的支撑，包括初级生产、氧气生产、土壤形成与维持、养分循环、水循环和提供栖息地等。MA 报告认为支持服务通常发生在较长的时间尺度内，一般通过间接方式对人类提供利益，其价值已经反映在其他 3 种类型的服务上，例如森林生态系统初级生产的价值部分反映在了木材产品上，因此，MA 项目组的总体原则是不主张对支持服务进行估价，以避免重复计算；但其同时也指出支持服务与调节服务存在相互交叉的问题，认为支持服务中的短期影响可以纳入核算范围，例如气候侵蚀土壤造成的养分流失。MA 的核算框架、指标体系与方法见表 2-1。

表 2-1 MA 的核算框架与评估方法

服务分类体系	一级指标	二级指标	评估方法
产品服务	食物	农牧渔产品量	市场价值法
	新鲜水源	水资源使用量	市场价值法
	纤维素	林副产品产量	市场价值法
	生物质燃料	沼气、秸秆、薪柴等使用量	市场价值法
	生物化学物质	天然药物或食品添加剂产量	市场价值法
	遗传资源	农林牧渔种子产量	市场价值法
调节服务	气候调节	温度与降雨变化	条件价值法
	水源调节	蓄水量变化	条件价值法
	水质净化	水中有机物质降解	市场价值法
	空气净化	削减空气中污染物	条件价值法
	疾病控制	减少威胁人类健康的细菌病毒载体	条件价值法
	授粉传播	生态系统物种间的自然授粉	条件价值法
	侵蚀控制	防治土壤沙漠化	条件价值法
文化服务	文化多样性	生态系统多样性	条件价值法
	教育功能	生态系统构成与过程	条件价值法
	休闲与旅游	游客吸引程度	旅行成本法
	精神与宗教	很多宗教的意识与生态系统的丰富性有紧密关系	条件价值法
	美学价值	生态系统的美丽吸引游客自驾旅行	旅行成本法
	文化遗产价值	生态系统与文化遗产共处所创造的旅游价值	旅行成本法

服务分类体系	一级指标	二级指标	评估方法
支持服务	土壤形成	—	—
	营养物质循环		
	初级生产力		

2）实验生态账户（EEA）

联合国2012年发布的环境经济综合核算（SEEA）的实验生态账户（EEA）基本沿用了千年生态系统的总体评估框架，但对具体核算范围又作了进一步的细化，其中最主要的变化是将MA中的支持服务定义为支持生态系统及其他服务（供给服务、调节服务、文化服务）的基础，而不再纳入CICES（国际通用生态系统产品服务分类）中作为生态系统服务功能进行核算。但同时EEA也指出支持服务虽然不再作为一种生态系统服务，但是仍然可作为生态系统核算和衡量生态系统资产的重要指标，EEA的核算框架、指标体系与方法见表2-2。

表2-2 EEA的核算框架与评估方法

服务分类体系	一级指标	二级指标	三级指标	评估方法
产品服务	新鲜水源	水资源量	生活用水、农业用水、工业用水	市场价值法
	生态系统供给物质	农林牧渔产品、种子、天然食物药物等	人类消费的食物，其他农业畜牧业产品，如橡胶、棉花、草药、蜂蜡等，用来繁衍下一代的遗传物质	市场价值法
	能源	生物质能源量	采暖、采光、电力供应	市场价值法
	其他产品服务	无法分类的畜产品	宠物或用来工作的动物，如赛马等	市场价值法
调节服务	生物物理环境调节	生物修复	土壤、地下水污染物削减	条件价值法
		净化功能	水体、水底沉积物、空气和土壤净化	条件价值法
	流动调节	空气流动调节	防风固沙、城市周边防风带、城市中心散热通风	条件价值法
		水流动调节	控制水体径流量、减少洪水冲击	条件价值法
		水土保持	防止土壤沙化和发生泥石流	条件价值法

服务分类体系	一级指标	二级指标	三级指标	评估方法
调节服务	物理化学环境调节	大气调节	固碳、气候调节、区域降雨调节	条件价值法
		水循环调节	水体中营养物质保持与流动、水体含氧量增加	条件价值法
		土壤循环调节	土壤肥力增加	条件价值法
		噪声调节	作为天然屏障降低噪声污染	条件价值法
	非生物环境调节	栖息地与基因库保护	花粉、种子传播，天然动植物育种保护	条件价值法
		疾病控制	病原体控制、保护人体健康、降低农作物病虫害	条件价值法
文化服务	审美价值	非破坏性休闲	自驾、观光、旅行等各种旅游的人数	旅行成本法
		信息与知识	参与科研和教育相关活动的人数	旅行成本法
	精神价值	精神与象征价值	文化遗产、文化认同与归属、精神与宗教认同价值	条件价值法、旅行成本法
		非使用价值	保持生态资本为下一代提供生态服务的价值	条件价值法、旅行成本法

（2）国内研究现状

20 世纪 90 年代，国内学者开始尝试对全国或区域内的生态资产价值进行估算。从生物多样性、环境净化、大气化学平衡的维持、土壤保护等方面，重点对地表水、草地、森林、湿地等类型的区域生态系统服务进行了深入研究，促使国内生态系统服务及其价值评估的理论与实证研究快速发展。

欧阳志云等将生态系统生产总值核算指标概括为产品服务、调节服务、文化服务 3 项功能共 17 个指标，其中产品服务包括 7 个，调节服务包括 9 个，文化服务包括 1 个，见表 2-3。

表 2-3 欧阳志云等的核算框架与评估方法

服务分类体系	二级指标	三级指标	评估方法
产品服务	农业产品	农产品量	市场价值法
	林业产品	林产品量	市场价值法
	畜牧业产品	牧产品量	市场价值法
	渔业产品	渔产品量	市场价值法
	水资源	可直接使用的淡水资源	市场价值法
	生态能源	对环境无污染的、可再生的能源，如沼气、秸秆等	市场价值法
	其他	用于装饰品的一些产品和花卉、苗木等	市场价值法
调节服务	水源涵养	水源涵养量	替代价值法
	土壤保持	土壤保持量	替代价值法
	洪水调蓄	蓄积洪峰水量	替代价值法
	防风固沙	固沙量	替代价值法
	固碳	固碳量	替代价值法
	释氧	释氧量	替代价值法
	大气净化	大气污染物减少量	替代价值法
	水质净化	水中有机物质降解	替代价值法
	气候调节	蒸散量	替代价值法
文化服务	自然景观	游客访问量	旅行成本法

谢高地等将生态系统服务概括为供给服务、调节服务、支持服务、文化服务 4 个一级类型，在一级类型之下进一步划分成 11 种二级类型。其中，供给服务包括食物生产、原材料生产和水资源供给 3 个二级类型；调节服务包括气体调节、气候调节、净化环境、水文调节 4 个二级类型；支持服务包括土壤保持、维持养分循环、维持生物多样性 3 个二级类型；文化服务包括提供美学景观服务 1 个二级类型，见表 2-4。

傅伯杰等参考国内外生物多样性与生态系统服务评估的主要研究成果，在充分考虑“生物多样性—生态系统结构—过程与功能、服务”级联关系的基础上，提出了生物多样性与生态系统服务评估指标体系构建的主要原则，构建了中国生物多样性与生态系统服务评估指标体系，见表 2-5。

表 2-4　谢高地等的核算框架与评估方法

服务分类体系	二级指标	评估方法
供给服务	食物生产	单位面积生态系统价值当量因子法
	原材料生产	
	水资源供给	
调节服务	气体调节	
	气候调节	
	净化环境	
	水文调节	
支持服务	土壤保持	
	维持养分循环	
	维持生物多样性	
文化服务	提供美学景观服务	

表 2-5　傅伯杰等的核算框架

服务分类体系	二级指标	三级指标
供给服务	淡水	产水量
	食物	农牧渔产品量
	木材和纤维	森林地上生物量
	基因和生物资源	物种丰富度
调节服务	气候变化减缓	生态系统碳固定
	地区微气候调节	实际蒸散量
	空气质量调节	释氧量和滞尘量
	自然灾害调节	森林覆盖率
	洪水调控	湿地和冲积平原面积、洪水风险区面积
	侵蚀调节	土壤保持量
	水质调节	植被覆盖度
	病虫害调控	植被物种丰富度
文化服务	休闲娱乐	绿地和湿地景观覆盖率
	文化遗产	世界遗产
	文化多样性	物种丰富度、生态系统类型多样性

《自然资源（森林）资产评价技术规范》（LY/T 2735—2016）未对生态系统服务体系进行论述，直接规定了森林生态系统的6大类10小类服务功能，并对评估方法做出了规范，见表2-6。

表2-6　森林生态系统服务功能评估指标体系

服务功能	一级指标	二级指标	评估方法
涵养水源	调节水量		替代价值法
	净化水质		替代价值法
防治土壤侵蚀	固土		替代价值法
固碳释氧	固碳		替代价值法
	释氧		替代价值法
净化大气环境	提供负离子		替代价值法
	吸收污染物	二氧化硫	替代价值法
		氟化物	替代价值法
		氮氧化物	替代价值法
		吸收重金属	替代价值法
	滞尘		替代价值法
森林防护	森林防护		替代价值法
物种保育	物种保育		机会成本法

2.1.2　评估方法

（1）实物量评估方法

生态系统服务实物量目前主要有3种评估方法：①统计调查法；②基于实物模型的评估法；③基于物质当量和能源当量的能值评估理论。

目前，GEP的理论研究及其在政策中的应用经历了快速发展，但仍然存在评估指标体系不同、核算技术方法不统一、缺少相关配套制度等问题，突出表现在评估方法复杂多样、评估结果难于对比、政府部门难以理解和应用。生态系统服务中的产品和文化服务主要通过统计或调查获得。调节服务中的具体指标主要通过计算或模拟方法获取。如水源涵养依据降水量、蒸发量和径流量进行估算；生物量通过遥感提取或生物量转换因子法获得；固碳量则参照生物量数值，并结合净生态系统生产力的概念进行核算；释氧量根据植被固碳和释氧的特定量化关系推算得出；土壤保持利用土壤流失方程计算等；调节服务计算过程使用到的软件和模型较多，包括 ArcGIS 软件、InVest 模型、CASA 模型以及 SCS 模型等。

（2）价值量评估方法

生态系统服务价值量目前主要有 3 种评估方法。

1）市场价值法。主要应用于具有实际市场的生态系统产品和服务，如粮食、木材等，以市场价格作为生态系统服务的经济价值。在具体使用中主要包括市场价格法和单位产值法，有时也会用到费用支出法。

2）替代市场法。用于没有直接市场交易与市场价格，但有这些服务替代品的市场交易与价格的生态系统产品和服务。以替代使用技术或生产手段获得与某种生态系统服务相同结果所需的生产费用为依据，间接估算生态系统服务的价值。评估方法包括重置成本法、机会成本法、恢复和防护费用法、影子工程法、旅行费用法、资产价值法或享乐价格法以及疾病成本法和人力资本法、预防性支出法等。

3）模拟市场法。对没有市场交易和实际市场价格的生态系统产品和服务，只有人为地构造假想市场来衡量生态系统服务的价值，其代表性的方法是条件价值法或意愿调查法。通过假想市场情况下直接询问人们对某种生态系统服务的支付意愿，以人们的支付意愿来估计生态系统服务的经济价值。

价值评估往往不会采用单一的评估方法，可以采用多种不同方法进行评估，每一种评估方法都有其优点和不足。理论上，应按照模拟市场法、替代价值法、市场价值法的顺序进行生态系统服务价值评估方法的选择，这种选择顺序，虽然准确性递减，但是可操作性递增。实践中，供给服务主要使用市场价值法，调节服务主要使用替代市场法，文化服务多使用模拟市场法或替代市场法进行核算。

2.2 基本概念

2.2.1 生态系统价值的相关概念

20 世纪 70 年代以来，生态系统服务开始正式成为一个科学术语，并由此出现了供给服务、支持服务、调节服务、文化服务等内涵性概念，以及生态资产、自然资产、生态系统生产总值等外延性概念，本研究综合相关文献对以下概念进行了梳理。

1）生态系统：植物、动物、微生物群落和非生物环境组成的一个动态复杂且相互作用的功能单元。

2）生态系统功能：与生态系统维持其完整性（如初级生产力、食物链、生物地球化学循环）的状态和过程相关的生态系统的内在特征，包括分解、生产、养分循环以及养分和能量的通量变化等。

3）生态系统服务：对人类生存及生活质量有贡献的生态系统产品和生态系统功能，包括供给服务、调节服务、文化服务以及支持服务。

4）生态系统服务价值：指人类直接或间接地从生态系统功能中获得的收益，主要包括生态系统产品供给服务、调节服务、文化服务。

5）生态系统生产总值：生态系统为人类福祉和经济社会可持续发展提供的最终产品与服务价值的总和，主要包括生态系统提供的供给服务、调节服务和文化服务。生态系统生产总值是对生态系统服务价值的具体核算。

6）生态资产：生态系统中具有产权、可交换等属性，可以用成熟的资产评估理论和方法评估的生态功能与产品，其实物量可以用面积、生物量和蓄积量等指标来描述，价值量为在市场和非市场交换中，取得这种生态资产所有权的一次性交易价值。

7）支持服务：对于其他生态系统服务的生产所必需的那些服务。支持服务与供给服务、调节服务及文化服务的区别在于支持服务对人类的影响常常具有间接性，或者持续较长的时间，而其他服务对人类的影响常常是直接的，并且持续时间较短（某些服务，如侵蚀调节，依据时间尺度的长短和对人类影响的直接性特征，既可能被认为是支持服务，也可能被认为是调节服务）。

8）供给服务：反映一个生态系统对经济系统提供的产品的贡献。生态系统在一定时间内提供的各类产品的产量，可以通过现有的经济核算体系获得。

9）调节服务：指生态系统调节气候、水文、生化周期、地表过程以及各种生物过程的能力。包括调节气候、调节水文、保持土壤、调蓄洪水、降解污染物、固碳、释氧、植物花粉的传播、有害生物的控制、减轻自然灾害等生态调节功能。

10）文化服务：指从生态系统的物理环境、位置等获得的娱乐、文化、精神思考等方面的知识和象征性利益的情况。文化服务比供给服务和调节服务更难定义，因为它们反映了人类与生态系统关系的性质，而非直接提取资源或使用生态系统过程。有些文化服务对经济活动有直接贡献，如生态系统为人们提供旅游生产和休闲服务的机会；有些文化服务隐含在土地所有权中，如风景的舒适性价值。

11）实物量：指生态资产的存量、流量和质量。

12）价值量：把生态系统服务和生态产品进行货币化的过程。

2.2.2 相关概念辨析

（1）生态系统功能与生态系统服务

根据 Costanza 的定义，生态系统功能是指生态系统的生境、生物及系统属性或过程；生态系统产品（如食物）和服务（如废弃物吸收）是指人类直接或间接地从生态系统功能中获得的收益，二者统称为生态系统服务。生态系统功能是生态系统服务的基础和物质保障，没有生态系统功能，就没有生态系统服务。生态系统服务和功能并不一定呈现出对应的关系，可能由两种或多种生态系统功能所产生，也可能提供两种或多种生态系统服务。

（2）生态系统服务的存量和流量

生态系统服务核算是建立在存量和流量关系上进行的。在生态系统核算中，空间区域代表存量，如生态系统面积，每个空间区域构成一个生态资产。每一个生态资产都有一系列的生态系统特征，如土地覆盖、生物多样性、土壤类型、海拔高度和坡度、气候条件等，这些特征描述了生态系统的运行情况和地理位置特点。生态系统生产总值核算是对生态资产每年提供给人类或经济系统的生态服务功能的价值量核算，是流量的概念。

（3）生态系统的内部流和外部流

生态系统核算中的流量有外部和内部两种类型。在生态资产内部和生态资产之间的流量，反映了正在运行中的生态系统过程，这两种类型的流量称为“生态系统内部流量”和“生态系统间流量”。生态系统间流量概念的确立强调了不同生态资产之间的依赖关系。生态系统的另一个流动表现是与经济系统或人类活动之间的关系。生态系统生产总值核算的关注重点是外部流的核算。

（4）生物服务和非生物服务

生态服务并不代表来自环境的所有流量的完全组合。其他重要的环境资源流量，如矿产和能源开采、可再生能源、可提供能量的风和潮汐的运动、大气等非生物服务不在核算范围内。生态系统服务是通过生物物理、生物化学和其他的物理过程以及生态系统之间相互作用产生的服务。非生物服务不是生态系统过程的结果，虽然非生物资源和生态系统过程之间可能有特别密切的关系。地表水虽然是一种非生物资源，但它可视为向环境的供给，这种供给源自生态系统过程，因此地表水的供给符合生态系统服务的概念，在生态系统服务核算范围之内；由于地下水源自非生态系统过程，因此，地下水资源不在生态系统服务核算范围之内。

（5）生态系统的价值与数量和质量的关系

同一面积和类型的生态系统，因区位和影响人群不同，其生态服务的价值是不同的。生态系统服务的数量应随着受益人群数量的增加而增加，例如，随着使用步行道的人数增加，森林里的步行道提供了更多的文化服务。生态系统影响人群可作为其价值的一个权重，进行不同影响人群生态系统价值化核算。生态系统服务被定义为人类和经济系统效益的贡献。因此，应该仅针对国民经济账户体系（The System of National Accounts，SNA）或 non-SNA 效益可以被识别的指标进行核算，如果没有受益人，就没有生态系统服务流量。

2.3 核算原则与总体框架

2.3.1 核算原则

针对生态系统服务评估面临的评估指标体系不同、核算技术方法不统一、缺少相关配套制度等问题，坚持科学性与规范性统筹的原则、实物量与价值量兼顾的原则、数据可获得性和持续可更新的原则、人类受益和开放系统的原则、可量化与管理实用的原则开展核算，具体如下。

（1）科学性与规范性统筹原则

生态系统服务价值核算是个多学科交叉研究，涉及研究方法多样，不同的核算指标及核算方法都涉及不同的学科领域，研究的科学性和规范性直接影响着核算结果的合理性。本书以生态系统结构、格局和过程与生态系统服务关系为基础，构建核算框架与方法，并在综合分析已有的研究基础上，结合青海省祁连山区的区域特色，选取适合祁连山区生态系统服务价值核算的指标及方法。国际上目前关于生态系统服务价值评估体系的主流思想是支持服务属于生态系统本身，不该纳入服务价值评估体系，但认为有短期服务影响的支持服务类型应纳入调节服务范围，把生态系统的释氧服务、生物多样性保育以及营养物质循环等有短期服务影响的支持服务都纳入了调节服务。实物量评估方法中，尽可能细化生态系统服务实物量的评价模型和测算方法，体现科学性和规范性。

（2）实物量与价值量兼顾原则

生态系统服务的可持续性从根本上取决于生态系统的生态过程，也就是生态系统服务实物量的动态水平，因此，从评价生态系统服务的可持续性来说，实物量的评估比价值量评估更合适。但价值量评估可以反映生态系统服务的总体稀缺性，在生态系统服务价值评估框架中引入尺度分析步骤，可以明确生态保护者的机会成本和服务价值流向，为生态补偿标准及对象的确定提供科学依据。因此，应合理构建核算区的生态资产实物清单，在此基础上完成生态系统服务实物量与价值量账户构建，为绿色发展评估体系与生态补偿政策的制定提供技术支撑。

（3）数据可获得性和持续可更新原则

生态系统服务价值核算是一个相对复杂的研究过程，其核算过程所需数据量大，数据类型多样，且涉及多个部门，研究区的数据基础、关键参数的可获得性，直接影响核算指标的选取和核算结果的合理性和科学性。同时，生态系统服务价值核算结果可为地区政策制度设计提供核心数据和关键参数，需要核算数据和关键参数具有持续可更新的特征。

（4）人类受益和开放系统原则

生态系统服务核算是对生态系统提供给人类经济系统的各种生态服务价值进行核算，即对生态系统进入人类经济系统的各种服务量的价值化过程。如果一个生态系统没有进入人类经济系统，即使这个生态系统的价值再大，对于人类经济系统的价值都是零。因此，生态系统服务价值核算中，人类受益是体现生态系统服务价值的一个重要原则，受生态系统惠益人数的多少也是界定其生态服务价格的重要因素。同时，生态系统提供的生态服务不仅当地的人受益，其他地区也会直接或间接受益。特别是对祁连山区这种具有重要生态功能区的地区，应该从开放系统的角度，进行其生态价值核算，特别是湿地生态系统提供的生态服务价值核算意义重大。

（5）可量化与管理实用原则

生态系统服务评估已经成为各国环境管理与学界热点，其中，英国、德国等国家更关注于国家的可持续发展能力，即更注重实物量和实物量评估方法与核算系统的开发，并从学界的理论研究向标准化的管理实践推广；挪威、美国等国家重视生态服务价值在具体建设项目环境影响评价中的应用，通过成本效益分析实现项目开发方案的综合决策；中国、印度尼西亚等发展中国家倾向于通过开展生态资产与生态系统服务价值量化评估，为政绩考核与环境政策的制定提供技术依据；而联合国主导的千年生态评估主要以引起世人对生态资源耗竭的关注为出发点，警示人类的发展方式。由于工作目标、工作基础、价值取向与评估尺度的不同，不同生态系统服务类型存在多种实物量与价值量评估方法以及相应的技术参数，使生态系统服务量化难以标准化、规范化，本项目以青海省祁连山区为研究对象，提出适合我国国情的可量化核算指标体系，并基于数据可获得性提出一系列适合不同空间尺度的生态系统服务核算方法，形成标准统一的可量化、可对比的生态系统服务核算技术规范。

2.3.2 核算框架

通过上述国内外经验的总结，可以发现，由于生态系统本身的复杂性，在时间和空间上存在复杂的尺度转换问题，各项服务之间存在相互依赖的关系，使生态系统服务的分类还缺乏统一的标准；同时，对于不同的评估尺度和评估对象，每一种生态系统服务的实物量与价值量可能有不同的评估指标和评估方法，评估结果之间缺乏可比性；此外，绝大多数生态系统服务具有公共物品的特性，一方面完全以市场价格为基础的价值评估结果不能真实地反映公共物品的内在价值，另一方面考虑了消费者剩余的支付意愿价值评估结果与现实可支付性之间存在矛盾，对决策管理难以起到真正的支撑作用。因此，建立一个统一、规范的生态系统服务评估框架体系和一套完善、规范的生态系统服务价值评估方法成为首先需要解决的问题。

（1）核算空间范围

本项目核算范围是青海省祁连山区，涉及青海省的海东市、海北州和海西州，共包括 8 个县（区），即民和县、乐都区、互助县、门源县、海晏县、刚察县、祁连县和天峻县。

（2）核算基准年

本项目核算基准年为 2011 年、2015 年和 2017 年。

（3）生态系统服务类型

根据科学性与规范性统筹的原则，本书主要参考联合国实验生态账户和国家林业和草原局制定的《森林生态系统服务功能评估规范》（GB/T 38582—2020），将项目区共分为农田、森林、草地、湿地、城镇和荒漠 6 个生态系统，针对以草地为主要生态系统类型的特点，提出核算框架，见表 2-7。

表 2-7 青海省祁连山区生态系统服务价值核算框架

	产品供给	气候调节	环境质量调节	水文调节	土壤保持	防风固沙	生物多样性	文化服务
农田	—	—	—	—	—	—	—	—
森林	—	—	—	—	—	—	—	—
草地	—	—	—	—	—	—	—	—
湿地	—	—	—	—	—	—	—	—
城镇	—	—	—	—	—	—	—	—
荒漠	—	—	—	—	—	—	—	—

项目区的生态系统服务类型主要包括产品供给服务、生态调节服务、文化服务 3 种类型，评价体系中共包括 9 个一级指标、14 个二级指标、19 个三级指标。具体见表 2-8。一级指标和二级指标同时参考联合国实验生态账户和国家林业和草原局制定的《森林生态系统服务功能评估规范》（GB/T 38582—2020），按照既符合国际规则，又考虑国内习惯的原则确定。

表 2-8　青海省祁连山区生态系统服务价值核算指标体系与评估方法

服务类别	核算指标			单位	实物量评估方法	价值量评估方法
	一级	二级	三级			
供给服务	生态系统产品供给	农产品	谷物豆类等粮油产量	t/m^3	统计调查法	市场价值法
		林产品	原木等产量			
		畜禽产品	肉蛋奶等产量			
		水产品	鱼虾等产量			
	水资源供给	地表水	农业用水	m^3	统计调查法	市场价值法
			工业用水			
			生活用水			
			生态用水			
生态调节服务	气候调节	气候变化减缓	固碳量	t	模型计算法	替代价值法
			释氧量	t	模型计算法	替代价值法
		微气候调节	降温增湿	kW·h	模型计算法	替代价值法
	环境质量调节	空气净化	主要污染物排放量	kg	统计调查法	替代价值法
		水质净化	主要污染物排放量	kg	统计调查法	替代价值法
	水文调节	水文调节	径流调节	m^3	模型计算法	替代价值法
			洪水调蓄	m^3	模型计算法	替代价值法
	土壤保持	土壤保持	土壤保持量	t	模型计算法	替代价值法
	防风固沙	防风固沙	防风固沙量	t	模型计算法	替代价值法
	生物多样性	栖息地与基因库保护	物种保育	—	统计调查法	机会成本法
文化服务	审美价值	休闲娱乐	旅游人数	人/次	统计调查法	旅行费用法

（4）实物量评估方法

框架确定的各项生态系统服务实物量的三级指标与评估方法见表 2-8，具体指标说明如下。

农产品：指从农业生态系统中获得的初级产品，如水稻、小麦、玉米、谷子、高粱、其他谷物；以及豆类、薯类、油料、棉花、麻类、糖类、蔬菜、瓜类、水果等。

林产品：指林木产品、林下产品以及与森林资源相关的初级产品，如木材、橡胶、松脂、生漆、油桐籽、油茶籽、烟叶等。

畜禽产品：用放牧、圈养或者两者结合的方式，饲养畜禽以取得动物产品或役畜，如牛、马、驴、骡、羊、猪、家禽、兔子年底出栏数，奶类，禽蛋，动物皮毛，蜂蜜和蚕茧等。

水产品：人类利用水域中生物的物质转化功能，通过捕捞、养殖等方式取得的水产品，如鱼类、虾蟹类、贝类、藻类等。

地表水：可以直接使用的水资源公报中的用水量，如农业用水、生活用水、工业用水和生态用水。

气候变化减缓：植物通过光合作用将 CO_2 转化为碳水化合物，并以有机碳的形式固定在植物体内或土壤中，有效减缓大气中 CO_2 浓度升高，减缓温室效应。

微气候调节：生态系统通过蒸腾作用和水面蒸发过程使大气温度降低的生态效应。

空气净化：生态系统吸收、阻滤和分解大气中的污染物，如 SO_2、NO_x、粉尘等，有效净化空气，改善大气环境。

水质净化：水环境通过一系列物理和生化过程对进入其中的污染物进行吸附、转化以及生物吸收等，使水体得到净化的生态效应。

水文调节：生态系统通过其结构和过程拦截滞蓄降水，增强土壤下渗，有效涵养土壤水分和补充地下水、调节河川流量。

土壤保持：生态系统通过其结构与过程减少雨水的侵蚀能量。

防风固沙：生态系统减少因大风导致的土壤流失和风沙危害。

栖息地与基因库保护：针对生物物种与栖息地监测维护和对濒危生物育种繁殖与对受破坏生态系统的重建两个方面。

休闲娱乐：为人类提供的各种文化遗址、古文化遗产等非物质惠益的文化旅游价值。

（5）价值量评估方法

本框架推荐供给服务主要采用市场价值法、调节服务主要采用替代成本法、文化服务采用旅行成本法进行评估。

由于条件价值法的不确定性较大，国内关于不同类型生态系统服务的估价研究尚不成熟，项目经费也不支持开展大规模的不同类型生态系统服务支付意愿调查，因此，本研究中调节服务没有采用联合国实验生态账户推荐的条件价值法进行评估，主要按照《森林生态系统服务功能评估规范》（GB/T 38582—2020）提供的计算思路进行评估。

第3章

生态系统功能与价值量核算方法

3.1 供给服务功能与价值量核算方法

3.1.1 核算思路与方法概述

生态产品的供给服务是指由生态系统产生的具有食用、医用、药用和其他价值的物质和能源所提供的服务。生态产品供给服务价值通过生态产品供给服务的实物量与单位实物量的价格相乘而得。

根据国际经验，生态产品供给服务实物量核算范围主要包括水资源、农业资源、林业资源、畜牧业资源、渔业资源、种子资源、能源以及其他资源等。本研究结合祁连山区域特征，构建祁连山区生态产品供给服务核算具体内容。

根据中国科学院生态环境研究中心和生态实验账户的研究实践来看，水资源核算中不包括地下水资源，因为地下水资源的采集与供给和地理水循环相关，与生态系统功能没有直接关系。而秸秆作为能源供给主要用于制造沼气，因此，在计算生态系统能源供给服务价值时仅包括水能和沼气能两种。根据生态实验账户核算原则，航运资源均不纳入生态产品供给服务价值核算中，故未列入核算范围。

3.1.2 实物量核算方法

根据生态产品类型细化出一级、二级和三级指标，并明确指标数据来源。根据海西州、海北州和海东市的统计资料的数据可得性和项目组调研结果，汇总2011年、2015 年和 2017 年可核算三级指标 38 个，见表 3-1。其中食用菌、枸杞等农作物实物量按照湿重核算，木材产量为万根，其他类型产品供给服务的实物量单位统一为万 t。

表 3-1　产品供给指标来源

一级指标	二级指标	三级指标	数据来源
农产品	谷物	大小麦	《海西州统计年鉴》（2012 年、2016 年、2018 年）《海北州统计年鉴》（2012 年、2016 年、2018 年）《海东市统计年鉴》（2012 年、2016 年、2018 年）
	杂粮	玉米	
		高粱	
		谷子	
		其他	
	薯类	甘薯	
		马铃薯	
	豆类	大豆	
		绿豆	
		小红豆	
	油料	花生	
	棉花	棉花	
	烟叶	烟叶	
	蔬菜	蔬菜	
	中草药材	中草药材	
	野生植物	野生药材等	
	食用菌	食用菌	
	水果	苹果	
		梨	
		葡萄	
	特色作物	枸杞	
畜产品供给	肉类	猪肉	
		牛肉	
		羊肉	
		禽肉	

一级指标	二级指标	三级指标	数据来源
畜产品供给	禽蛋	禽蛋	《海西州统计年鉴》（2012 年、2016 年、2018 年）《海北州统计年鉴》（2012 年、2016 年、2018 年）《海东市统计年鉴》（2012 年、2016 年、2018 年）
	捕猎	野兽、野禽	
	其他	蜂蜡	
		蜂蜜	
林产品	木材及林副产品供给	木材	
水产品	淡水产品	鱼类	
		虾蟹类	
		贝类	
		其他	
水资源	用水量	农村用水	《青海省水资源公报》（2011 年、2015 年、2017 年）
		生活用水	
		工业用水	
		生态用水	

3.1.3 价值量核算方法

获取生态产品供给服务实物量后，对其进行价值量核算。本研究根据数据的可得性，采用两种价值量核算方法：一种是当该类产品已有产值统计时，利用产品的产值作为该类产品的供给价值；另一种是当该类产品未进行产值统计时，应采用市场价格和产品产量相乘的方法估算该类产品的供给价值。各核算指标价值量计算方法见表 3-2。

表 3-2 产品供给价值量核算

一级指标	二级指标	三级指标	价值量计算方法
农产品供给价值	谷物	大小麦	根据统计产值相加
	杂粮	玉米	
		高粱	
		谷子	
		其他	
	薯类	甘薯	
		马铃薯	

一级指标	二级指标	三级指标	价值量计算方法
农产品供给价值	豆类	大豆	根据统计产值相加
		绿豆	
	油料	花生	
	棉花	棉花	
	烟叶	烟叶	
	蔬菜	蔬菜	
	中草药材	中草药材	
	野生植物	野生药材等	
	特色作物	枸杞	
	食用菌	食用菌	
	水果	苹果	
		梨	
畜产品供给价值	肉类	猪肉	
		牛肉	
		羊肉	
		禽肉	
	禽蛋	禽蛋	
	捕猎	野兽、野禽	
	其他	蜂蜡	
		蜂蜜	
木材及林副产品供给价值	林产品	木材	
水产品供给价值	淡水产品	鱼类	
		虾蟹类	
		贝类	
		其他	
水资源供给价值	用水量	农村用水	根据市场价格计算
		生活用水	
		工业用水	
		生态用水	

3.2 气候调节服务功能与价值量核算方法

3.2.1 固碳调节服务

（1）核算思路与方法概述

固碳是指生态系统中植物通过光合作用将大气中的 CO_2 转化为碳水化合物，并以有机碳的形式固定在植物体内或土壤中，即存留于生态系统中的碳。生态系统固碳主要通过核算 CO_2 的排放或清除（碳汇）进行计算。农田分为一年生农田和多年生农田（果园等），其中多年生农田可以在单一年份内通过 NPP 计算其固碳量。但一年生农田由于在一年时间内完成播种、成长、收割等全过程，最后所有物质基本都会通过回田或焚烧形式使 CO_2 重新释放到大气中，因此一年生农田在单一年份中可以认为其固碳量为零。由于遥感数据不能区分一年生农田和多年生农田，在此对所有农田部分都不做考虑，固碳功能仅对森林、草地和湿地生态系统进行核算。

（2）实物量核算方法

采用净生态系统生产力法（NEP 法）进行计算，不同生态系统固碳量的计算有所差异。

1）不同生态系统固碳核算

森林、灌丛和草地生态系统：

$$Q_{tCO_2} = M_{CO_2} / M_C \cdot \text{NEP} \tag{3-1}$$

式中，Q_{tCO_2} —— 陆地生态系统固碳量，tCO_2/a；

M_{CO_2} / M_C=44/12 —— C 转化为 CO_2 的系数；

NEP —— 净生态系统生产力，tC/a。

湿地生态系统：

$$Q_{tCO_2} = M_{CO_2} / M_C \cdot \text{NEP} \cdot 0.1 \tag{3-2}$$

湿地生态系统的 NEP 主要以一年生植物产生，其碳汇功能主要体现在湿地土壤碳库的年沉积量，在多数湿地中，90%的碳通过衰减重新回到大气层，未衰减的物质沉在水体底部，并累积在先前沉积的物质上，因此只计算其 10%NEP 产生

的 CO_2 排放量。

2）NEP 计算关键参数

NEP 可通过系数转换法进行计算，即利用 NEP 和 NPP（净初级生产力）之间的转换系数将 NPP 转换为 NEP。NPP 数据可直接利用 MODIS 的产品 MOD17A3 数据。

$$\mathrm{NEP}=\alpha\cdot\mathrm{NPP}\cdot M_{\mathrm{C_6}}/M_{\mathrm{C_6H_{10}O_5}} \tag{3-3}$$

式中，NEP —— 净生态系统生产力，tC/a；

α —— NEP 和 NPP 的转换系数，见表 3-3；

NPP —— 净初级生产力，t 干物质/a；

$M_{\mathrm{C_6}}/M_{\mathrm{C_6H_{10}O_5}}$=72/162 —— 干物质转化为 C 的系数。

表 3-3　青海省各土地类型α 值

省份	森林	草地	湿地
青海	0.239	0.278	0.233

（3）价值量核算方法

固碳价值量是用实物量与碳价格相乘的方式计算。

$$V_{\mathrm{Cf}}=Q_{\mathrm{CO_2}}\cdot C_{\mathrm{C}} \tag{3-4}$$

式中，V_{Cf} —— 生态系统固碳价值，元/a；

$Q_{\mathrm{CO_2}}$ —— 生态系统固碳总量，tCO_2/a；

C_{C} —— 碳价格，元/t。

由于青海本地缺少碳交易市场价格数据，本研究采用碳交易市场较为成熟的上海市对应年份的碳交易市场价格。

3.2.2　释氧功能

（1）核算思路与方法概述

生态系统中，植物在吸收 CO_2 的同时释放 O_2，不仅对全球的碳循环有着显著影响，也起到了调节大气组分的作用。生态系统释氧功能主要通过光合作用进行，大部分情况下与固碳功能同步进行。

目前所有文献中有关释氧的计算是根据植物的光合作用基本原理：植物每固定 1 g CO_2，就会释放 0.73 g O_2，由于固碳的计算方法不同，释氧的计算方法也不同。本研究考虑固碳和释氧的比例，在固碳量的计算基础上计算释氧量的同时，根据不同生态系统的特点选取相应的方法，释氧调节也仅对森林、草地和湿地生态系统进行核算。

（2）实物量核算方法

根据植物的光合作用基本原理，植物每固定 1 g CO_2，就会释放 0.73 g O_2。以此为基础，测算出生态系统释放 O_2 的物质量。

对于草地和森林生态系统，按照如下方法计算。

$$P_O = P_C \cdot 0.73 \tag{3-5}$$

式中，P_O —— O_2 排放量；

P_C —— CO_2 固定量。

对于湿地生态系统，湿地的碳库变化除取决于光合作用和一部分好氧呼吸，还有很大一部分是厌氧呼吸过程。因此释氧量只考虑在光合作用下释放的氧气量。

$$P_{OW} = \mathrm{NEP_W} \cdot 2.67 \tag{3-6}$$

式中，P_{OW} —— 湿地生态系统 O_2 排放量；

$\mathrm{NEP_W}$ —— 湿地区域的净生态系统生产力，tC/a。

（3）价值量核算方法

采用 O_2 排放量与制氧价格进行生态系统释氧价值量的核算。

$$V_O = P_O \cdot OP \tag{3-7}$$

式中，V_O —— 释氧价值量；

OP —— 制氧成本，采用全国制氧市场平均价格，2011 年、2015 年和 2017 年价格分别为 1 144.95 元/t、1 246.58 元/t 和 1 271.51 元/t。

3.2.3 微气候调节服务

（1）核算思路与方法概述

生态系统微气候调节功能主要体现在对空气的降温增湿方面，是生态系统通过蒸腾作用与光合作用中的水面蒸发过程使大气温度降低、湿度增加的生态效应。生态系统通过植物的树冠遮挡阳光，减少阳光对地面的辐射热量，有降温效能，并通过光合作用吸收大量的太阳光能，减少光能向热能的转变，减缓了气温的升高。生态系统通过蒸腾作用，将植物体内的水分以气体形式通过气孔扩散到空气中，使太阳光的热能转化为水分子的动能，消耗热量，降低空气温度，增加空气湿度。微气候调节仅对森林、草地和湿地生态系统进行核算。

（2）实物量核算方法

实物量核算的评估方法包括生态系统消耗的太阳能量、生态系统蒸散发规律及模型和基于不同生态系统类型的降温增湿效应模型。其中，消耗太阳能量中对于各生态系统蒸腾消耗和吸收太阳能量的值获取较难，在监测点数量少的情况下无法满足从点到面的合理扩展，最终的结果容易产生较大误差；而利用降温效应模型进行实物量核算的过程对于温度标准和降温额度的设定难以把握，往往存在很大的主观效应。

所以本研究采用生态系统蒸腾蒸发消耗的总能量作为微气候调节的功能量。其公式为

$$E_{tt} = E_{pt} + E_{we} \tag{3-8}$$

$$E_{pt} = \sum_{i}^{3} \mathrm{EPP}_i \cdot S_i \cdot D \cdot 10^6 / (3\,600 \cdot r) \tag{3-9}$$

$$E_{we} = E_w \cdot q \cdot \rho_{水} \cdot 10^3 / (3\,600) + E_w \cdot y \tag{3-10}$$

式中，E_{tt} —— 生态系统蒸腾蒸发消耗的总能量，kW·h/a；

E_{pt} —— 生态系统植被蒸腾消耗的能量，kW·h/a；

E_{we} —— 生态系统湿地蒸发消耗的能量，kW·h/a；

EPP_i —— i 类生态系统单位面积蒸腾消耗热量，kJ/（m^2·d）；

S_i —— i 类生态系统面积，km^2；

r —— 空调能效比：3.0，量纲一；

D—— 空调开放天数，d，基于该功能不仅在青海地区具有重要作用，其对全国的气候都具有一定的调节能力，故此参数设置为 365 d；

i—— 生态系统类型（森林、草地）；

E_w—— 湿地区域蒸发量，m^3/a；

q—— 挥发潜热，即蒸发 1 g 水所需要的热量，J/g；

y—— 加湿器将 1 m^3 水转化为蒸汽的耗电量，一般取值为 125 kW·h，此部分为增湿调节。

其中单位面积森林和草地蒸腾吸热量参考《北京城市绿地的蒸腾降温功能及其经济价值评估》，分别为 70.40 kJ/（m^2·d）和 25.60 kJ/（m^2·d）。1 g 的水气化需要消耗 2 443.9 J 的热量，即 q 的取值为 2 443.9 J/g。

（3）价值量核算方法

运用替代成本法，通过人工调节温度和湿度所需要的耗电量进行降温增湿价值量核算。

$$V_{tt} = E_{tt} \cdot P_e \tag{3-11}$$

式中，V_{tt}—— 生态系统气候调节的价值，元/a；

E_{tt}—— 生态系统调节温湿度消耗的总能量，kW·h/a；

P_e—— 当地生活消费电价，元/（kW·h），根据青海省相应年份的上网电价进行调整确定。

3.3 环境质量调节服务功能与价值量核算方法

环境质量调节服务主要指生态环境对人类社会所排放污染物的吸收和净化作用。当污染物排放量未超过环境容量时，采用污染物排放量作为环境质量调节服务的功能量，当污染物排放量超过环境容量时，利用环境容量作为功能量。由于青海省祁连山区空气、水质量良好，区域污染物排放量不超过环境容量（即不造成明显的环境问题），所以采用污染物排放量估算实物量。根据生态环境部门定期发布的环境统计数据，本项目选择环境统计年报定期发布的主要大气、水污染物排放量作为环境质量调节服务的实物量，具体污染物为 SO_2、NO_x、烟粉尘、化学需氧量（COD）和氨氮（NH_3-N）。环境质量调节服务功能包括大气净化和水质净化两部分，核算技术路线如图 3-1 所示。

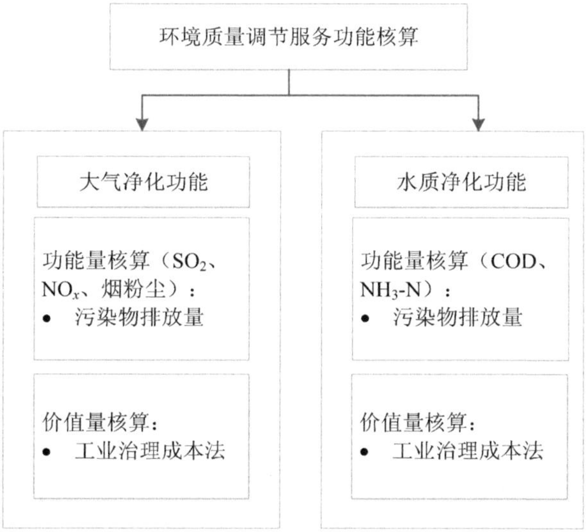

图 3-1　环境质量调节服务核算方法技术路线

3.3.1　大气净化

（1）核算思路与方法概述

空气净化功能是绿色植物在其抗生范围内通过叶片上的气孔和枝条上的皮孔吸收空气中的有害物质，在体内通过氧化还原过程转化为无毒物质；同时依靠其表面特殊的生理结构（如绒毛、油脂和其他黏性物质），对空气粉尘具有良好的阻滞、过滤和吸附作用，从而有效净化空气，改善大气环境。空气净化功能主要体现在净化污染物和阻滞粉尘方面。所以，大气净化服务的功能量采用环境容量来计算，当污染物排放量未超过环境容量时，采用污染物排放量作为大气净化服务的功能量；当污染物排放量超过环境容量时，利用森林生态系统吸收污染物的数量作为大气净化服务的功能量。青海省祁连山区空气质量良好，区域污染物排放量不超过环境容量（不造成明显的环境问题），采用污染物排放量估算实物量。

（2）实物量核算方法

青海省祁连山区大气环境净化是一系列物理、化学和生物因素共同作用的结果，根据 SO_2、NO_x、烟粉尘 3 种污染物的区域排放量核算大气净化的实物量。

$$Q_{\text{air purification}} = \sum_{i=1}^{n} Q_i \tag{3-12}$$

式中，$Q_{\text{air purification}}$ —— 大气污染物排放总量，kg；

Q_i —— 第 i 类大气污染物排放量，kg；

i —— 污染物类别，量纲一。

（3）价值量核算方法

大气净化价值量计算采用替代成本法，通过工业治理大气污染物成本评估生态系统空气净化价值。SO_2、NO_x、烟粉尘净化价值计算方法运用 SO_2、NO_x、烟粉尘 3 种污染物大气净化实物量，分别与单位 SO_2、NO_x、烟粉尘处理的费用相乘，核算大气净化价值。

$$V_a = \sum_{i=1}^{3} c_i \cdot Q_i \tag{3-13}$$

式中，V_a —— 生态系统大气环境净化的价值，万元；

c_i —— 治理大气污染物的成本，元/t；

Q_i —— 年污染物大气净化实物量（SO_2、NO_x、烟粉尘），万 t。

3.3.2 水质净化

（1）核算思路与方法概述

水质净化功能是指水环境通过一系列物理和生化过程对进入其中的污染物进行吸附、转化以及生物吸收等，使水体生态功能部分或完全恢复至初始状态的能力。所以水质净化服务的功能量采用生态系统可净化污染物的环境容量来计算，当污染物排放量未超过环境容量时，采用污染物排放量作为水质净化服务的功能量；当污染物排放量超过环境容量时，则根据区域水环境标准确定的水体污染物浓度限值以及水体径流量来核算水质净化服务的功能量。青海省祁连山区地表水水质均达到水环境功能区的要求，水污染排放量均在水环境容量之内，利用水污染物排放量作为水质净化服务的功能量指标。

（2）实物量核算方法

青海省祁连山区水质净化污染物是一系列物理、化学和生物因素共同作用的结果，根据 COD 和 NH_3-N 2 种污染物的区域排放量核算大气净化的实物量：

$$Q_{\text{water purification}} = \sum_{i}^{2} Q_i \qquad (3\text{-}14)$$

式中，$Q_{\text{water purification}}$ —— 水污染物排放总量，kg；

Q_i —— 第 i 类水污染物排放量，kg；

i —— 污染物类别，量纲一。

（3）价值量核算方法

水质净化价值量计算采用替代成本法，通过工业治理水污染物成本评估生态系统水质净化价值。COD、NH_3-N 净化价值计算方法运用 COD、NH_3-N 2 种污染物水质净化实物量，分别与单位 COD、NH_3-N 处理的费用相乘，核算水体净化价值。

$$V_{\text{w}} = \sum_{i=1}^{2} c_i \cdot Q_i \qquad (3\text{-}15)$$

式中，V_{w} —— 生态系统水质净化的价值，万元；

c_i —— 治理水体污染物的成本，元/t；

Q_i —— 污染物水质净化实物量（COD、NH_3-N），万 t。

3.4 水文调节服务功能与价值量核算方法

3.4.1 核算思路与方法概述

青海省 8 个县（区）水源涵养能力及其价值估算主要基于生态系统服务的评估框架体系，以生态系统服务的实物量与价值量评估指标和评估方法为基础，利用高精度遥感、地理信息系统和分布式水循环模拟技术等，构建考虑冰川融雪和土地利用动态变化过程的高寒区分布式水循环模型；采用自动优化算法对模型参数进行率定和验证，实现对高寒地区土地利用变化情况下的水循环过程模拟；对于无径流观测区，采用参数移植等方法，实现无资料地区水循环过程的模拟；在此基础上，准确模拟不同土地利用情景下水源涵养能力，最终估算高寒地区水源涵养服务功能与价值量。

3.4.2 实物量核算方法

（1）生态系统水源涵养能力核算

生态系统水源涵养能力核算主要是通过分布式水循环模拟手段，模拟生态系统各用地类型（农田、草地、林地等）转为未利用地时，产水量之间的差异（生态系统的水源涵养能力）。考虑到青海省冰川积雪独特的下垫面特征，分布式水循环模拟在采用国内自主研发的流域水循环系统模型（HEQM）的基础上，扩展其冰川积雪冻融过程，以适应青海省高寒地区的水循环模拟。HEQM 模型以水和营养物质循环作为联系过程中的纽带，综合考虑在变化环境下水文循环和营养源循环在陆面、土壤、植被和河流水体中的相互作用关系，以及排污和闸坝调控对水和营养源循环的影响，模型框架如图 3-2 所示。HEQM 包含 8 大模块，即水文循环模块（HCM）、土壤生物地球化学模块（SBM）、作物生长模块（CGM）、土壤侵蚀模块（SEM）、物质运移模块（OQM）、水体水质模块（WQM）、水库调度模块（DRM）和参数分析模块（PAT）；其中，HCM 耦合夏军院士提出的时变增益非线性模型（TVGM），SBM 耦合李长生教授提出的 DNDC 模型，CGM 耦合了国际成熟的作物生长模型 EPIC，水质模块则采用基于物质平衡的 QUAL 模型，参数分析模块则耦合了 LH-OAT、SCE-UA、遗传算法、粒子群算法、NSGA-Ⅱ多目标优化算法以及贝叶斯等多种参数敏感性分析、自动优化算法。

与同类模型相比，HEQM 具有如下优点：①过程间耦合机制更合理，考虑水和营养源在循环过程中同时发生、相互制约的机制和纽带功能；②水文模块机理性更强，拓展夏军院士理论推导的降水—径流非线性方程（TVGM），阐明营养源循环和作物生长影响下产流特征，完善径流过程的形成机理；③土壤营养物转化过程更精细，考虑土壤 10 种氮库、6 种磷库和 6 种碳库之间的降解、还原、矿化等生物地球化学过程；④水库调度模块更适用，耦合闸坝调度规则，取代了实测或目标泄流控制方法。

模拟结果表明，淮河流域径流和水质浓度模拟精度分别提高 53%和 43%，其中调控径流的模拟精度提高 24%；新安江和密云水库流域 56%的站点径流、泥沙、总氮和总磷负荷模拟结果均优于使用广泛的 SWAT。

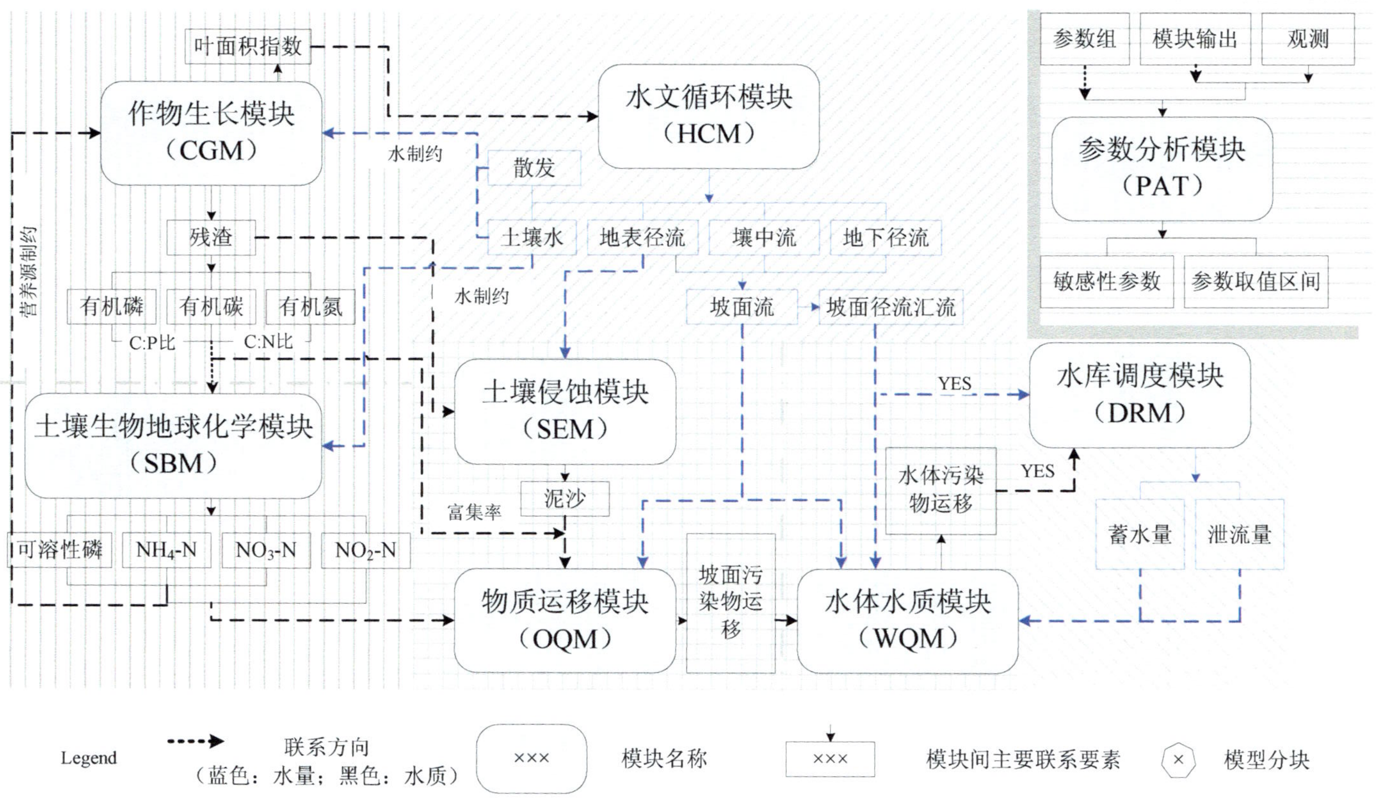

图 3-2　流域水循环系统模型（HEQM）框架

TVGM是夏军院士于1989—1995年在爱尔兰国立大学（U.C.G.）参加国际河川径流预报研讨班时提出的一种方法。初步应用表明，在受季风影响的半湿润、半干旱地区和中小流域，实际应用效果较好。它的概念是，降雨径流的系统关系为非线性，其中重要的贡献是产流过程中因土壤湿度（即土壤含水量）不同而引起的产流量变化。本模型所建水文循环模块基于前版分布式时变增益模型（Distributed Time Variant Gain Model，DTVGM），并对其进行了改进与发展：①考虑了不同土地利用类型的产汇流特征；②考虑了水利工程对河道水循环的影响特征。根据DEM的精度与流域尺度的实际情况，采取划分子流域或网格计算。分布式模型大都将流域划分为网格或子流域（统称计算单元）进行计算。在每个计算单元上仍然可以采用集总模型的产流模式进行计算。HEQM将土壤分为上层土壤和下层土壤，以用于分别计算壤中流和径流。模型结构如图3-3所示。

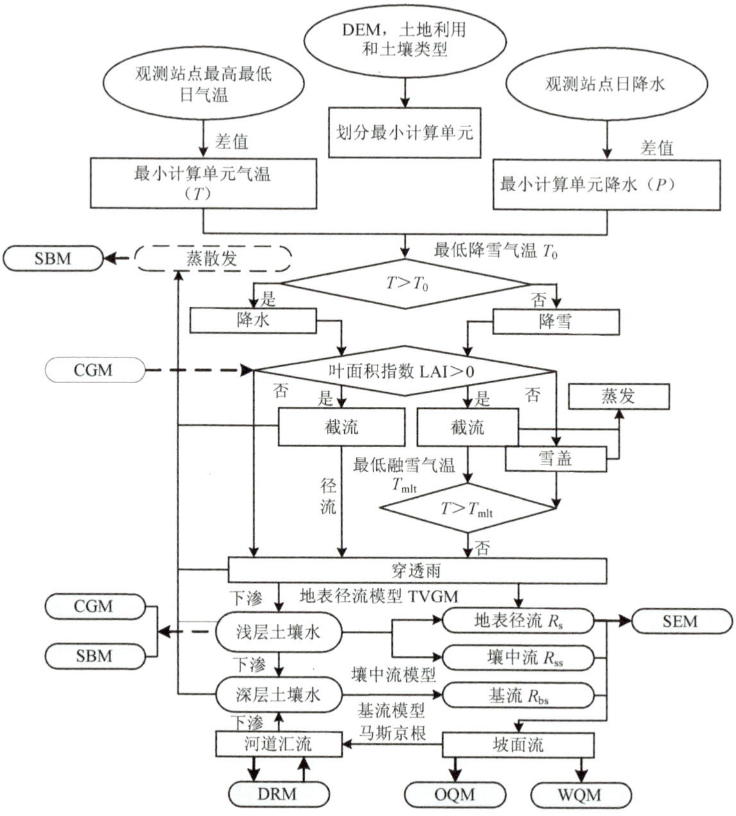

图3-3 HEQM水循环模块结构

1）产流算法

产流算法采用水量平衡方程，即

$$P_i + W_i = W_{i+1} + R_{si} + E_i + R_{ssi} + R_{gi} \tag{3-16}$$

式中，P——降雨，mm；

W——土壤含水量，mm；

E——蒸散发，mm；

R_s——地表径流，mm；

R_{ss}——壤中流，mm；

R_g——地下径流，mm；

i——时段数。

地表径流

时变增益模型中总结了降雨产流的关系后，通过时变因子优先计算地表径流。地表径流计算公式为

$$R_s = g_1 \left(\frac{AW_u}{WM_u \cdot C} \right)^{g_2} \cdot P \tag{3-17}$$

式中，R_s——子流域地表产流量，mm；

AW_u——子流域表层土壤湿度，%；

WM_u——表层土壤饱和含水量，%；

P——子流域雨量，mm；

g_1与g_2——时变增益因子的有关参数（$0<g_1<1$，$g_2>1$），其中g_1为土壤饱和后径流系数，g_2为土壤水影响系数；

C——覆被影响参数。

为考虑不同土地利用类型的降雨产流过程，模型以各子流域内不同的土地利用类型作为最小计算单元来计算各土地利用类型的产流过程。本研究主要考虑的土地利用类型分为农田、林地、草地、城镇用地、水域、冰川积雪和未利用地7类。

壤中流

当土壤湿度达到田间持水量后，下渗趋于稳定，土壤将会出现产流，形成壤中流，最终转换为地表径流，注入河道。为了简化计算，采用土壤水的出流系数

来计算壤中流，即

$$R_{ssi} = AW_u \cdot K_r \tag{3-18}$$

式中，R_{ss}—— 壤中流，mm；

AW_u—— 表层土壤平均含水量，mm；

K_r—— 土壤水出流系数；

i—— 计算时段。

基流

地下径流（基流）是深层土壤或基岩的裂隙中蓄存的水。为了简化计算，仍采用深层土壤水出流系数来计算基流，即

$$R_{gi} = AW_{gi} \cdot K_g \tag{3-19}$$

式中，R_g—— 地下径流，mm；

AW_g—— 深层土壤含水量，mm；

K_g—— 地下水出流系数。

总产流量

子流域总产流量即为地表水产流量、土壤水产流量和地下径流之和：

$$R = R_s + R_{ss} + R_g \tag{3-20}$$

式中，R—— 子流域总产流量，mm。

蒸散发模型

蒸散发分为潜在蒸散发（E_0）和实际蒸散发（E_a）。潜在蒸散发计算中具有物理机制的方法有 Penman-Monteith 公式、Makkink 公式、Jensen-Haise 公式和 Hargreaves-Samani 公式。前 3 种公式均需要辐射和气温等多种输入资料，而 Hargreaves-Samani 公式只需最高和最低气温，输入资料种类少。因此 HEQM 模型蒸散发公式采用 Hargreaves-Samani 公式。实际蒸散发被认为是潜在蒸散发、叶面积指数和地表残留的一个函数，即

$$\begin{cases} E_a = E_p + E_s \leqslant E_0 \\ E_p = \begin{cases} LAI \cdot E_0 / 3 & 0 \leqslant LAI \leqslant 3.0 \\ E_0 & LAI > 3.0 \end{cases} \\ E_s = E_0 \cdot \exp(-5.0 \times 10^{-5} \cdot rsd) \end{cases} \tag{3-21}$$

式中，E_0—— 潜在蒸散发，mm；

E_a—— 实际蒸散发，mm；

E_p—— 植被蒸腾，mm；

E_s—— 土壤散发，mm；

LAI—— 叶面积指数；

rsd—— 地表残留，t/hm²。

- 冰川积雪冻融过程的改进

冰川积雪冻融过程采用目前常用的温度—日因子进行模拟。冰川和积雪的冻融过程与地表温度存在密切的关系。比如，当温度小于某一阈值（约 0℃）时，降水将以降雪的形式落到地表，并通过累积形成积雪，地表径流也将转变为冰，积雪和冰在高海拔地区进而形成冰川；而当温度大于某一阈值（约 0℃）时，降水将以降雨的形式落到地表，地表的积雪和冰川将部分消融。温度指数模型输入简单，仅需要气温数据，而且易获取，因此，被广泛应用于冰川积雪冻融模拟中。

①积雪冻融过程。

积雪表面温度：

$$T_{s,i} = T_{s,i-1} \cdot (1 - lag_s) + T_{av,i} \cdot lag_s \tag{3-22}$$

式中，$T_{s,i}$ 和 $T_{s,i-1}$—— 第 i 天和第 i−1 天积雪表面温度，℃；

$T_{av,i}$—— 第 i 天的日平均气温，℃；

lag_s—— 积雪表面温度的滞时系数。

积雪融化量：

$$R_{sn,i} = \begin{cases} b_{mlt,i} \cdot RA_{sn,i} \cdot \left(\dfrac{T_{s,i} + T_{max,i}}{2} - T_{mlt} \right) & if\ \dfrac{T_{s,i} + T_{max,i}}{2} > T_{mlt,t} \\ b_{mlt,i} \cdot RA_{sn,i} \cdot cfr \cdot \left(T_{mlt} - \dfrac{T_{s,i} + T_{max,i}}{2} \right) & if\ \dfrac{T_{s,i} + T_{max,i}}{2} \leqslant T_{mlt,t} \end{cases} \tag{3-23}$$

式中，$R_{sn,i}$—— 土地利用计算单元内第 i 天的积雪融化量，mm；

$RA_{sn,i}$—— 积雪面积占土地利用面积的比例；

$T_{max,i}$—— 第 i 天日最高气温，℃；

cfr—— 冷冻系数；

T_{mlt} —— 积雪融化温度，℃；

$b_{mlt,i}$ —— 第 i 天积雪融化系数，mm/（d·℃），该系数随季节变化而变化。

$b_{mlt,i}$ 的具体计算方程为

$$b_{mlt,i} = \left(\frac{b_{mlt6} + b_{mlt12}}{2}\right) + \left(\frac{b_{mlt6} - b_{mlt12}}{2}\right) \cdot \sin\left[\frac{2\pi}{365} \cdot \left(d_{n,i} - 81\right)\right] \tag{3-24}$$

式中，b_{mlt6} 和 b_{mlt12} —— 夏季最高和冬季最低融雪系数，mm/（d·℃）；

$d_{n,i}$ —— 第 i 天在某一年中的排序。

在融雪过程中，仍有少量的水体会残留在积雪中，并不会全部进入土壤，因此，进入土壤的融雪量为

$$R'_{sn,i} = \max(R_{sn,i} - c_{SN,max}) \tag{3-25}$$

另外，当冷冻过程中，也将先冷冻残留在积雪中的水量，然后再冷冻土壤水，因此，冷冻的土壤水量也为

$$R'_{sn,i} = \max(R_{sn,i} - c_{SN,max}) \tag{3-26}$$

式中，$c_{SN,max}$ —— 残留在积雪中水量的最大比例。

积雪平衡公式：

$$\begin{cases} SN_i = SN_{i-1} - R'_{sn,i} & if \dfrac{T_{s,i} + T_{max,i}}{2} > T_{mlt,t} \\ SN_i = SN_{i-1} + P_i + R'_{sn,i} - E_{sn,i} & if \dfrac{T_{s,i} + T_{max,i}}{2} \leqslant T_{mlt,t} \end{cases} \tag{3-27}$$

积雪面积占比公式：

$$RA_{sn,i} = \frac{SN_i}{SN_{100}} \cdot \left[\frac{SN_i}{SN_{100}} + \exp\left(\mathrm{cov}_1 - \mathrm{cov}_2 \cdot \frac{SN_i}{SN_{100}}\right)\right]^{-1} \tag{3-28}$$

式中，SN_i —— 第 i 天的积雪深，mm；

SN_{100} —— 积雪覆盖率为 100%时的积雪深，mm；

cov_1 和 cov_2 —— 曲线的形态系数；

$E_{sn,i}$ —— 第 i 天积雪升华量，mm。

土壤水水量（SW）平衡公式为

$$\begin{cases} SW_i = SW_{i-1} + R'_{\mathrm{sn},i} & if\ \dfrac{T_{\mathrm{s},i} + T_{\max,i}}{2} > T_{\mathrm{mlt},t} \\ SW_i = SW_{i-1} - R'_{\mathrm{sn},i} & if\ \dfrac{T_{\mathrm{s},i} + T_{\max,i}}{2} \leqslant T_{\mathrm{mlt},t} \end{cases} \tag{3-29}$$

②冰川冻融过程。

冰川是动态变化的，当积雪累积到一定深度的时候，雪将转化成冰。可以采用线性或非线性曲线（如 S 曲线）描述这种形态的转变。即

$$GLC_i = \gamma_i \cdot SN_i \tag{3-30}$$

式中，GLC_i —— 第 i 天的冰川体积；

γ_i —— 积雪转换成冰川的系数，为季节性变化。其计算公式为

$$\gamma_i = \gamma_0 \cdot \left\{1 + \sin\left[\frac{2\pi}{365} \cdot \left(d_{n,i} - 81\right)\right]\right\} \tag{3-31}$$

式中，γ_0 —— 积雪转换成冰川的基础系数，可通过参数率定获得。

冰川冻融过程也可以参照积雪冻融过程进行计算。但冰川面积和体积存在一种简单的指数关系，即

$$GLC_i = \alpha \cdot A_{\mathrm{glc}}^{\beta} \tag{3-32}$$

式中，A_{glc} —— 冰川的面积；

GLC_i —— 第 i 天的冰川体积；

α和 β —— 关系系数，在我国西北，分别为 0.04 和 1.35，而 Chen 和 Ohmura 提出为 0.028 5 和 1.36。

因此，冰川的面积为

$$A_{\mathrm{glc}} = \left(\frac{GLC_i}{\alpha}\right)^{1/\beta} \tag{3-33}$$

2）汇流算法

汇流过程是产水量汇入河道以及河道径流汇入海洋或湖泊的过程。汇流主要分为坡面汇流和河道汇流两大部分，而主要方法有马斯京根法（Muskingum）、运动波法、动力波等方法。

坡面汇流

坡面汇流时间 t_{ov} 可以用下面的式子计算：

$$t_{ov} = \frac{L_{slp}}{3\,600 \cdot v_{ov}} \tag{3-34}$$

式中，L_{slp} —— 流域的坡面长度，m；

v_{ov} —— 地表径流速率，m/s；

3 600 —— 单位转换系数。

地表径流速率可以考虑坡面下 1 m 宽的地带通过曼宁公式计算：

$$v_{ov} = \frac{q_{ov}^{0.4} \cdot slp^{0.3}}{n^{0.6}} \tag{3-35}$$

式中，q_{ov} —— 地表径流平均速率，m/s；

slp —— 流域的平均坡度，量纲一；

n —— 该流域的糙率系数。

假定地表径流平均速率为 6.35 mm/h，通过单位转换得

$$v_{ov} = \frac{0.005 \cdot L_{slp}^{0.4} \cdot slp^{0.3}}{n^{0.6}} \tag{3-36}$$

将式（3-36）代入式（3-34）中得

$$t_{ov} = \frac{L_{slp}^{0.6} \cdot n^{0.6}}{18 \cdot slp^{0.3}} \tag{3-37}$$

流域的汇流时间远大于 1 d，地面径流在一天中只有一部分汇到河道中。在模型中，滞后部分的地表径流量就可以求出：

$$Q_{surf} = (Q'_{surf} + Q_{stor,i-1}) \cdot \left[1 - \exp\left(\frac{-surlag}{t_{conc}}\right)\right] \tag{3-38}$$

式中，Q_{surf} —— 进入主河道的日地表径流量，mm；

Q'_{surf} —— 流域的日地表径流总量，mm；

$Q_{stor,i-1}$ —— 前一天地表径流的蓄水量或者滞后量，mm；

$surlag$ —— 地表径流的滞后系数；

t_{conc} —— 流域的汇流时间，h。

在计算获得 Q_{surf} 后，即可推算径流系数。计算公式为

$$RC = Q_{\text{surf}} / P \tag{3-39}$$

式中，RC—— 径流系数。径流系数与产流系数不同之处就是径流系数还需要考虑坡面汇流，而产流系数则不需要。

河道汇流

河道汇流演算则采用马斯京根方法，即

$$Q_{\text{out},2} = C_1 \cdot Q_{\text{in},2} + C_2 \cdot Q_{\text{in},1} - C_3 \cdot Q_{\text{out},1} \tag{3-40}$$

其中：

$$C_1 = \frac{\Delta t - 2 \cdot K \cdot X}{2 \cdot K \cdot (1-X) + \Delta t};\quad C_2 = \frac{\Delta t + 2 \cdot K \cdot X}{2 \cdot K \cdot (1-X) + \Delta t};\quad C_3 = \frac{2 \cdot K \cdot (1-X) - \Delta t}{2 \cdot K \cdot (1-X) + \Delta t}$$

式中，$Q_{\text{in},1}$—— 在时段开始时的入流量，m^3/s；

$Q_{\text{in},2}$—— 时段末的入流量，m^3/s；

$Q_{\text{out},1}$—— 时段开始时的出流量，m^3/s；

$Q_{\text{out},2}$—— 时段末的出流量，m^3/s；

C_1、C_2、C_3—— Muskingum 模型系数；

K—— 蓄量常数，时间因次；

X—— 流量比重因子；

Δt—— 计算时间步长。

3）参数分析与率定

由于 HEQM 模型考虑的水文相关过程众多，涉及参数也较多。为提高模型参数率定的效率，特采用参数敏感性分析方法筛选敏感性参数用于参数率定。在参数分析工具中，引入多种参数分析方法，其中敏感性分析方法 LH-OAT（Latin Hypercube One factor At a Time），自动优化方法有粒子群算法、遗传算法以及 SCE-UA 算法、NSGA-Ⅱ多目标优化算法，此外参数不确定性有贝叶斯方法，如图 3-4 所示。

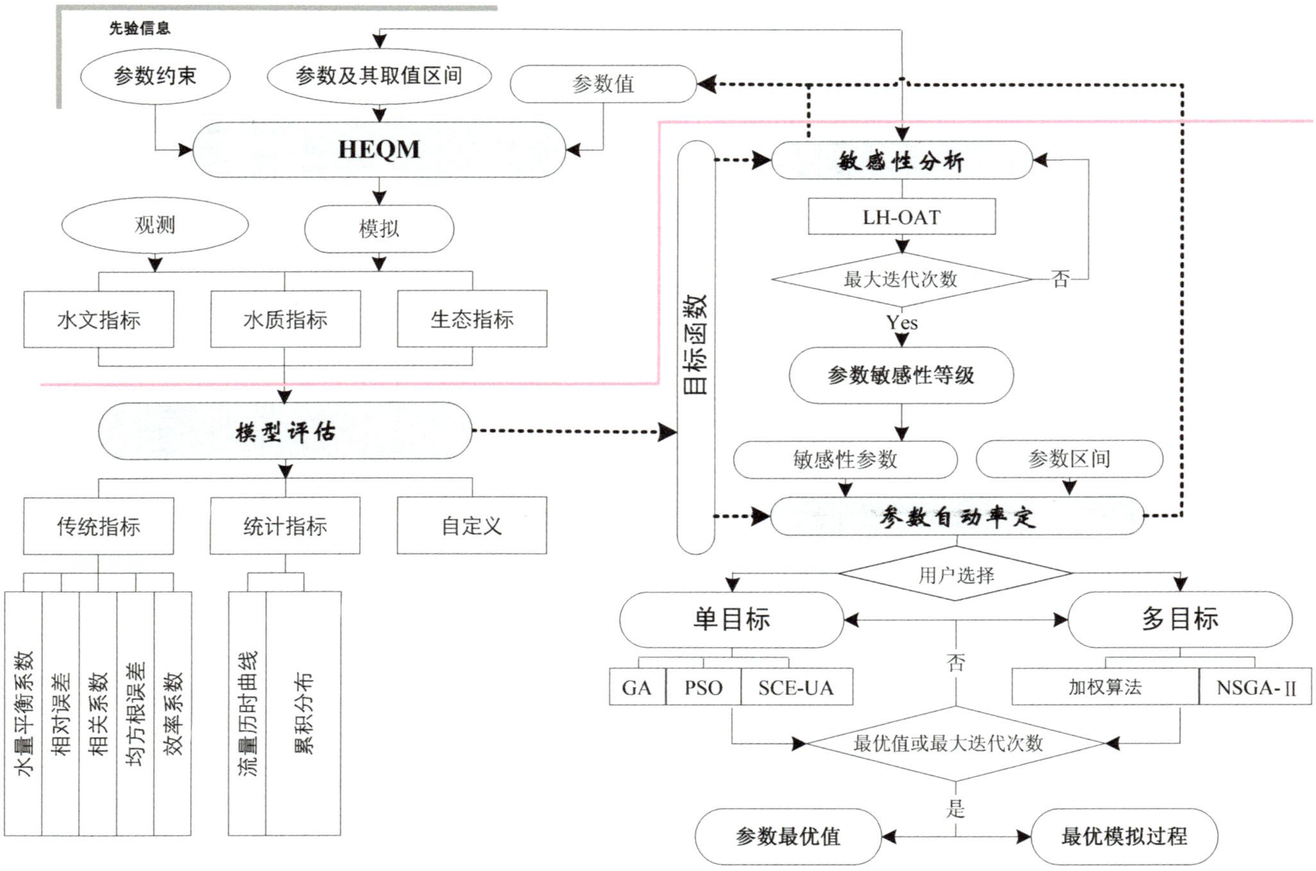

图 3-4 HEQM 参数分析过程

本项目采用 SCE-UA 自动优化算法对模型模拟效果进行评估。模型评价标准采用体积误差 $rVol$、相关系数 r 和效率系数 NSCE 3 个指标，具体见式（3-41）～式（3-43）。日过程模拟结果的评价等级见表 3-4。如果体积误差＞0.30 或＜−0.30，而且相关系数＜0.75，效率系数均＜0.60，模型的模拟结果是“不满意”；如果体积误差为 0，而且相关系数和效率系数均为 1.0，则模型的模拟结果被认为是“好”；如果体积误差被控制在±0.10，且相关系数≥0.85，效率系数≥0.75，模型的模拟结果被认为是“非常好”；如果体积误差被控制在±0.30，而且相关系数和效率系数分别≥0.75 和≥0.50，则模型的模拟结果被认为是“满意”。

$$rVol=\frac{\sum(Q_{\mathrm{ob},i}-Q_{\mathrm{si},i})}{\sum Q_{\mathrm{ob},i}} \tag{3-41}$$

$$r=\frac{\sum\left(Q_{\mathrm{ob},i}-\bar{Q}_{\mathrm{ob}}\right)\cdot\left(Q_{\mathrm{si},i}-\bar{Q}_{\mathrm{si}}\right)}{\sqrt{\sum(Q_{\mathrm{ob},i}-\bar{Q}_{\mathrm{ob}})^2\cdot\sum(Q_{\mathrm{si},i}-\bar{Q}_{\mathrm{si}})^2}} \tag{3-42}$$

$$\mathrm{NSCE}=1-\frac{\sum(Q_{\mathrm{ob},i}-Q_{\mathrm{si},i})^2}{\sum(Q_{\mathrm{ob},i}-\bar{Q}_{\mathrm{ob}})^2} \tag{3-43}$$

式中，Q_{ob} 和 $\bar{Q}_{\mathrm{ob}}$ —— 实测径流和平均实测径流，m^3/s；

Q_{si} 和 $\bar{Q}_{\mathrm{si}}$ —— 模拟径流和模拟径流的平均值，m^3/s。

表 3-4 径流过程模拟评价指标

模拟效果	体积误差（$rVol$）	相关系数（r）	效率系数（NSCE）
非常好	±0.10	≥0.85	≥0.75
好	0	1.0	1.0
满意	±0.30	≥0.75	≥0.50
不满意	＞0.30 或＜−0.30	＜0.75	＜0.60

4）无资料地区参数移植

采用参数移植方法确定无径流观测子流域的参数，将已率定区域（参证流域）的参数移用到这些地区。常用的方法有距离相近法和属性相似法。属性相似法考虑了两个流域的相似度，选取流域的某些属性计算参证流域和无资料地区的相似度。流域相似度 Φ 越小，说明 2 个流域相似度越高。计算公式如下：

$$\Phi = \sum_{i=1}^{k} \alpha_i \cdot \frac{\left| X_i^G - X_i^U \right|}{X_{\max,i} - X_{\min,i}} \tag{3-44}$$

式中，X_i^G —— 参证流域第 i 个属性值；

X_i^U —— 缺资料地区第 i 个属性值；

α_i —— 第 i 个属性的权重系数；

$X_{\max,i}$ 和 $X_{\min,i}$ —— 所有子流域中第 i 个属性最大值和最小值。

研究表明，存在多个参证流域时，当选取彼此之间相似度最小的 3 个参证流域时，获得的无资料地区参数值较好，无资料地区参数值为 3 个参证流域的参数平均值。

对无径流资料流域做参数移植时，所选取的评价指标有平均坡度、平均流域面积、平均高程、各土地利用类（农田、草地、林地、旱地、水域、未利用地、建设用地和冰川积雪）所占比例、多年平均降水量、多年平均温度以及兴利库容 7 个指标。平均坡度和平均高程决定产流的入河量；各土地利用类型占整个子流域的比例、多年平均降水量和多年平均温度则是影响产汇的关键因素；而兴利库容是水库调度的关键指标，也直接影响河道汇流。因此，选取这 7 个指标作为计算相似度的属性指标。选取 13 个径流敏感性参数。

5 个与土壤有关的参数：土壤稳定下渗率、上层饱和土壤含水量、土壤水出流系数、田间持水量、土壤蒸散发补充系数；

2 个与地表水有关的参数：产流参数 g_1、产流参数 g_2；

2 个与地下水有关的参数：地下水出流系数、水滞留时间；

4 个闸坝调控有关参数：非汛期最大调控天数、汛期最大调控天数、水库调控下河道特征长度参数、灌溉系数。

5）生态系统水源涵养能力核算

利用已率定好的 HEQM 模型模拟生态系统各用地类型（农田、草地、林地等）转为未利用地时各子流域产水量，并与原始土地利用情景比较，其差值即为生态系统的水源涵养能力；在此基础上，通过子流域在各区县的面积占比，折算为各县（区）的水源涵养能力。

$$V_{生态,i}=\sum_{j=1}^{n}r_{i,j}\cdot\left(V_{旱地-未利用,j}+V_{水田-未利用,j}+V_{草地-未利用,j}+V_{林地-未利用,j}-V_{旱地,j}-V_{水田,j}-V_{草地,j}-V_{林地,j}\right)$$

（3-45）

式中，$V_{生态,i}$ —— 第 i 个县（区）生态系统水源含量，m^3；

$V_{旱地-未利用,j}$、$V_{水田-未利用,j}$、$V_{草地-未利用,j}$ 和 $V_{林地-未利用,j}$ —— 第 j 个子流域旱地、农田、草地和林地转移为未利用地时产水量，m^3；

$V_{旱地,j}$、$V_{水田,j}$、$V_{草地,j}$ 和 $V_{林地,j}$ —— 第 j 个子流域旱地、农田、草地和林地的产水量，m^3；

$r_{i,j}$ —— 第 j 个子流域所在第 i 个县（区）内面积占该县（区）面积的比率；

n —— 第 i 个县（区）内包含的子流域个数。

（2）冰川对径流的调节能力核算

除旱地、水田、草地、林地等生态系统涵养水源外，冰川也对径流具有调节功能，在气温大于冰川融化临界温度时，冰川融化产生径流，补给河流；而当气温小于冰川融化临界温度时，冰川冷冻，减少河流补给。因此，各县（区）冰川对径流的调节能力可估算为

$$V_{冰川,i}=\sum_{j=1}^{n}r_{i,j}\cdot V_{冰川,j} \tag{3-46}$$

式中，$V_{冰川,i}$ —— 第 i 个县（区）冰川的产水量，m^3；

$V_{冰川,j}$ —— 第 j 个子流域冰川的产水量，m^3。

（3）洪水调蓄实物量核算

防洪库容是指水库防洪限制水位至防洪高水位间的水库容积，是水库用于蓄滞洪水、发挥其防洪效益的部分。本研究以防洪库容（V_{fc}，m^3）表征水库的洪水调蓄能力，利用已收集的研究区各地区的水库特征资料，即可得出青海省祁连山各县（区）水库的洪水调蓄能力。

3.4.3 价值量核算方法

在计算出实际产流量的基础上，生态系统水流调节的价值量估算方法采用影子工程法，也称替代工程法，以水库的建设成本定量评价生态系统水流动条件的

总价值，具体公式如下：

$$M = c \cdot V \tag{3-47}$$

式中，M—— 水文调节服务功能的价值量，元/a；

V—— 水文调节功能，m^3，本研究主要是指农田、草地和林地等生态系统的水源涵养量，冰川调节能力和水库调蓄能力；

c—— 建设单位库容的工程成本，元/m^3；根据《森林生态系统服务功能评估规范》（GB/T 38582—2020），水库建设成本是 6.11 元/m^3，通过价格指数（CPI）推算到 2011 年是 6.27 元/m^3、2015 年是 7.19 元/m^3、2017 年是 8.51 元/m^3。

3.5 土壤保持服务功能与价值量核算方法

3.5.1 核算思路与方法概述

土壤保持功能是生态系统（如森林、草地等）通过林冠层、枯落物、根系等各个层次保护土壤、削减降雨侵蚀力，增加土壤抗蚀性，减少土壤流失，保持土壤的功能。选用土壤保持量，即生态系统减少的土壤侵蚀量（用潜在土壤侵蚀量与实际土壤侵蚀量的差值测度）作为生态系统水土保持功能的评价指标。其中，实际土壤侵蚀量是指当前地表植被覆盖情形下的土壤侵蚀量，潜在土壤侵蚀量是指没有地表植被覆盖情形下可能发生的土壤侵蚀量。

3.5.2 实物量核算方法

通用土壤流失方程（USLE）是世界范围内应用最广泛的土壤侵蚀预报模型，本研究选取 USLE 模型进行土壤保持功能评估。

土壤侵蚀量：

$$A = R \cdot K \cdot LS \cdot C \cdot P \tag{3-48}$$

土壤保持量：

$$SC = R \cdot K \cdot LS \cdot (1 - C \cdot P) \tag{3-49}$$

式中，A—— 年土壤侵蚀量，t/（$hm^2 \cdot a$）；

SC —— 年土壤保持量，t/（hm^2·a）；

R —— 降雨侵蚀力因子，MJ/（mm·hm^2·h·a）；

LS —— 坡长坡度因子，量纲一；

C —— 植被覆盖因子，量纲一；

P —— 水土保持措施因子，量纲一。

（1）降雨侵蚀力因子 R 的估算

降雨侵蚀力因子反映了降雨特征对土壤侵蚀的影响，目前对该因子的研究相对较多，方法较为成熟。本研究采用周伏建等提出的 R 值计算式：

$$R = \sum_{i=1}^{12}\left(-1.5527 + 0.1792P_i\right) \tag{3-50}$$

式中，R —— 降雨侵蚀力因子，MJ/（mm·hm^2·h·a）；

P_i —— 月降水量，mm。

（2）土壤可侵蚀因子 K 值的估算

该因子反映了土壤的抗侵蚀能力，采用如下计算公式：

$$K_0 = \left\{0.2 + 0.3\exp\left[-0.0256m_s(1 - m_{silt}/100)\right]\right\}\cdot\left[m_{sit}/(m_c + m_{sit})^{0.3}\right]\cdot$$

$$\left\{1 - 0.25orgC/\left[orgC + \exp(3.72 - 2.95orgC)\right]\right\}\cdot\left\{1 - 0.7(1 - m_s/100)\right\}/$$

$$\left\{(1 - m_s/100) + \exp[-5.51 + 22.9(1 - m_s/100)]\right\} \tag{3-51}$$

$$K = (-0.01383 + 0.51575 \times K_0)\cdot 0.1317 \tag{3-52}$$

式中，K —— 土壤可蚀性因子，t/（hm^2·h/hm^2·MJ·mm）；

m_s —— 土壤砂粒百分含量；

m_{silt} —— 土壤粉粒百分含量；

m_c —— 土壤黏粒百分含量；

$orgC$ —— 有机碳百分含量。

（3）地形因子 LS 值的估算

通过数字高程模型（DEM），计算获得坡长和坡度，然后根据林敬兰等建立的方程式，获得 LS 的空间分布特征：

$$LS = 0.08L^{0.35}a^{0.6} \tag{3-53}$$

式中，LS—— 地形因子；

L—— 坡长，m；

a—— 百分比坡度。

（4）地表覆盖因子 C 值的估算

地表覆盖因子是根据地面植被覆盖状况不同而反映植被对土壤侵蚀影响的因素，与土地利用类型、植被覆盖度密切相关。C 值的估算采用如下公式：

$$C = \begin{cases} 1 & (f_c = 0.1) \\ 0.650\,8 - 0.343\,6\lg f_c & (0.1 < f_c \leqslant 78.3\%) \\ 0 & (f_c > 78.3\%) \end{cases} \tag{3-54}$$

$$f_c = (NDVI - NDVIminmax_{\min}) \tag{3-55}$$

式中，C—— 地表覆盖因子；

f_c—— 植被覆盖度，它由亚像元分解法计算得到；

$NDVI_{\min}$—— 植被整个生长季的 NDVI 最小值；

$NDVI_{\max}$—— 植被整个生长季的 NDVI 最大值。

（5）水土保持措施因子 P 值的估算

P 为实施水土保持措施后土壤流失量与顺坡种植土壤流失量的比值。本研究中耕地的 P 值为 0.15，其他土地利用类型取值为 1.00。

3.5.3 价值量核算方法

生态系统土壤保持价值运用替代成本法，从保持土壤肥力价值和减轻泥沙淤积灾害两个方面评价植被对土壤保持的经济价值。土壤侵蚀使大量的土壤营养物质（主要是 N、P、K）流失，这些流失的营养元素进入水体中，产生面源污染问题。按照我国主要流域的泥沙运动规律，全国土壤侵蚀流失的泥沙 24%淤积于水库、河流、湖泊中，需要清淤作业消除影响。

$$V_{1n} = (24\% \cdot A_c \cdot C / \rho) / 10\,000 \tag{3-56}$$

式中，V_{1n}—— 土壤保持的经济效益，万元；

A_c—— 土壤保持量，t；

C—— 建设单位库容的工程成本，元/m^3；根据《森林生态系统服务功能评估规范》（LYT 1721—2008），水库建设成本为 6.11 元/m^3，分别折算到相应核算年份的价格；

ρ—— 土壤容重，t/m^3，从全国土壤类型数据中进行提取。

$$V_{1f}=\sum_{i}A_c\cdot C_i\cdot R_i\cdot P_i/10\,000 \tag{3-57}$$

式中，V_{1f}—— 保持土壤肥力价值，万元；

A_c—— 土壤保持量，t；

C_i—— 土壤中氮、磷、钾和有机质的纯含量，从全国土壤类型数据中提取；

R_i—— 氮、磷、钾元素和有机质转换成相应肥料（尿素、过磷酸钙和氯化钾）及碳的比率，分别为 2.17、8.33、2.22、0.58；

P_i—— 尿素、过磷酸钙、氯化钾和有机质（转化成碳）价格，元/t，该价格通过查询相应年份的统计年鉴获得。

3.6 防风固沙服务功能与价值量核算方法

3.6.1 核算思路与方法概述

防风固沙功能是指生态系统减少，因大风导致的土壤流失和风沙危害的功能。在风蚀过程中，植被减少土壤裸露，对土壤形成保护，减少风蚀输沙量，还可以通过根系固定表层土壤，改良土壤结构，提高土壤抗风蚀的能力，植被还可以通过增加地表粗糙度、阻截等方式降低风速、降低大风风力侵蚀和风沙危害。

选用防风固沙量，即通过生态系统减少的风蚀量（潜在风蚀量与实际风蚀量的差值），作为生态系统防风固沙功能的评价指标。

3.6.2 实物量核算方法

防风固沙量估算主要基于修正的风力侵蚀模型（RWEQ）计算：

$$Q_{sf}=0.169\,9\cdot\left(WF\cdot EF\cdot SCF\cdot K'\right)^{1.3711}\times\left(1-C^{1.3711}\right) \tag{3-58}$$

式中，Q_{sf}—— 防风固沙量，t/a；

WF—— 气候侵蚀因子，kg/m；

EF—— 土壤侵蚀因子；

SCF—— 土壤结皮因子；

K'—— 地表糙度因子；

C—— 植被覆盖因子。

（1）气候侵蚀因子

$$WF=\frac{\sum_{i=1}^{N}WS_2(WS_2-WS_t)^2\cdot N_d\rho}{N\times g}\cdot SW\cdot SD \tag{3-59}$$

式中，WF—— 气候侵蚀因子，kg/m；

WS_2—— 2 m 处风速，m/s；

WS_t—— 2 m 处临界风速（假定为 5 m/s）；

N—— 风速的观测次数（一般 500 次）；

N_d—— 试验的天数，d；

ρ—— 空气密度，kg/m^3；

g—— 重力加速度，m/s^2；

SW—— 土壤湿度因子，无量纲；

SD—— 雪覆盖因子。

风因子和土壤湿度因子可采用从中国气象科学数据共享服务网上下载的国家台站的日均风速、降水、温度、日照时数，纬度等来计算完成；雪盖因子可采用从中国西部环境与生态科学数据中心下载的中国雪深长时间序列数据集来计算雪盖因子。

1）其中，空气密度通过下式求得

$$\rho=348.0\cdot\left(\frac{1.013-0.118\,3EL+0.004\,8EL^2}{T}\right) \tag{3-60}$$

式中，EL—— 海拔高度，km；

T—— 绝对温度，K。

2）土壤湿度通过下式求得

$$SW = \frac{ET_p - (R + I)\dfrac{R_d}{N_d}}{ET_p} \quad (3\text{-}61)$$

式中，SW—— 土壤湿度因子；

ET_p—— 潜在相对蒸发量，mm；

R—— 降水量，mm；

I—— 灌溉量，mm；

R_d—— 降雨次数和（或）灌溉天数；

N_d—— 天数（一般 15 天）。

3）雪盖因子通过下式求得

$$SD = 1 - P\text{（snow cover} > 25.4\text{ mm）} \quad (3\text{-}62)$$

式中，SD—— 雪盖因子；

P（snow cover＞25.4 mm）—— 计算时段内积雪覆盖深度＞25.4 mm 的概率。

（2）土壤侵蚀因子

土壤颗粒分为可蚀性土粒和非可蚀性土粒，粒径＞0.84 mm 的土粒不易被风蚀，称为非可蚀性颗粒。土壤可蚀性因子则为土壤表层直径＜0.84 mm 的颗粒的含量。

可用以下方程来描述土壤可蚀性因子 EF 的值：

$$EF = \frac{29.09 + 0.31Sa + 0.17Si + 0.33Sa/Cl - 2.59OM - 0.95CaCO_3}{100} \quad (3\text{-}63)$$

式中，EF —— 土壤侵蚀因子；

Sa—— 土壤砂粒含量；

Si—— 土壤粉砂含量；

Sa/Cl—— 土壤砂粒和黏土含量比；

OM—— 有机质含量；

$CaCO_3$—— 碳酸钙含量，且全部为百分含量。

（3）土壤结皮因子

土壤结皮（soil crust）为土壤颗粒物（特别是黏土、粉砂与有机质颗粒）的胶结作用而在土壤表面生成一层物理、化学和生物性状均较特殊的土壤微层。

$$SCF = \frac{1}{1 + 0.0066(Cl)^2 + 0.021(OM)^2} \tag{3-64}$$

式中，SCF—— 土壤结皮因子；

Cl—— 黏土含量，%；

OM—— 有机质含量，%。

（4）地表粗糙度因子

土壤糙度因子 K'取决于自由糙度 RR 和定向糙度 OR，可采用一种滚轴式链条法来测定地表糙度。其基本原理为两点间直线距离最短，当地表糙度增加时，其地表距离随之增加。于是当一个给定长度为 L_1 的链条放于粗糙的地表时，其水平长度将缩小为 L_2，L_1 和 L_2 的差值和地表粗糙程度密切相关，可用下式来计算地表糙度：

$$C_{rr} = \left(1 - \frac{L_2}{L_1}\right) \cdot 100 \tag{3-65}$$

式中，C_{rr}—— 任意方向上的地表糙度；

L_1—— 链条长度；

L_2—— 水平长度。

这里还涉及一个垂直于垄向的糙度 PR，当用链条法测出 RR 和 PR 时，OR 就可通过下式来求得

$$OR=PR-RR \tag{3-66}$$

土垄糙度因子可通过下式来进行计算，假设土垄呈等腰三角形，则

$$K_r = \frac{2.118 \cdot 10^{-2} \cdot OR}{N_r} \tag{3-67}$$

式中，N_r—— 在长度 L_2 范围内土垄的数量。

根据实验结果，当不考虑风向的影响时，土壤糙度因子（K'）与土垄糙度因子（K_r）和随机糙度（RR）的回归方程为

$$K' = e^{(1.86K_r - 2.41K_r^{0.934} - 0.124C_{rr})} \tag{3-68}$$

也可采用风向与垄成任意角度时的糙度因子公式：

$$K' = e^{\left[R_c \cdot (1.86K_r - 2.41K_r^{0.934}) - 0.124C_{rr}\right]} \tag{3-69}$$

$$R_c = 1.0 \times 10^{-2}(4.71\theta - 7.33 \times 10^{-2}\theta^2 + 3.74 \times 10^{-4}\theta^3) \tag{3-70}$$

式中，θ—— 风向与垄平行方向的角度。

（5）植被覆盖因子

$$C = e^{a_i(SC)} \tag{3-71}$$

式中，SC—— 植被覆盖度，%，由每年 36 期植被覆盖数据的最大值平均计算而得年均植被覆盖度；

a_i—— 不同植被类型的系数，分别为林地−0.153 5、草地−0.115 1、灌丛−0.092 1、裸地−0.076 8、沙地−0.065 8、农田−0.043 8。

3.6.3 价值量核算方法

生态系统防风固沙价值主要体现在减少土地沙化的经济价值。运用恢复成本法，计算治理这些沙化土壤的成本作为防风固沙功能的价值。

$$SFV = \frac{SFQ}{\rho \cdot h} \cdot c \tag{3-72}$$

式中，SFV—— 减少土地沙化价值，元/a；

SFQ—— 固沙量，t；

ρ—— 沙砾堆积密度，g/m^3；

h—— 土壤沙化标准覆沙厚度，m；

c—— 治沙工程的平均成本，元/m^2。

砂砾堆积密度采用 1.4×10^6 g/m^3 计算，沙化土壤覆沙厚度取 0.1 m。

3.7 物种保育服务功能与价值量核算方法

3.7.1 核算思路与方法概述

生物多样性主要体现在基因遗传、生物物种及生态系统多样性 3 个层面，而物种多样性是生物多样性最主要的结构和功能单位，可以为生态系统演替与生物进化提供必须的物种与遗传资源，是人类生存和发展的基础。因此，物种多样性维持是生物多样性保护的根本，其满足人类收益、实际发生、实物度量、可获数据及持续更新等生态系统价值核算原则，物种多样性是生物多样性最直观的体现。物种保育定义为某一类生态系统为生物物种提供生存与繁衍的场所，从而对其起到保育作用的功能，充分体现物种种群稀缺程度、更新变化及生境质量等主要特征。

物种多样性保育价值属于非使用价值的范畴，评估方法主要有物种保护基准价法、支付意愿法、收益资本化法、费用效益分析法和狩猎价格法等。在评估物种保育的价值时，有学者指出，物种保育的价值即生物多样性的价值，等同于对整个生态系统的评估，也可以理解为物种保育提供的是生态系统的支持功能。如果狭义的定义物种保育，现有的评价方法可以分为三类：一是针对某一个动物物种的，特别是针对具有代表意义的旗舰物种，如大熊猫、东北虎和丹顶鹤等，多用支付意愿法对物种的存在价值进行评估；二是有针对森林生态系统的植物多样性的评估，用香农—威纳指数算出全国各省的生物多样性级别，再根据机会成本得出物种保育的价值；三是有对栖息地的质量作为评估，间接的将栖息地的质量作为评价物种的保育价值的方法。

《中国生物多样性国情研究报告》作为国内最早的生物多样性研究，文中采用了物种保护基准价法。物种保护基准价法的核算思路是保护物种生存所需要的最低费用，是为保护该物种使其维持正常种群或略有增值的最低成本价值。这是一种基于机会成本法的计算方法。

同样是基于机会成本的方法，《森林生态系统服务功能评估规范》（GB/T 38582—2020）也采用了机会成本评估方法。评估规范认为物种保育的价值等于单位面积年物种损失的保育价值与面积的乘积。并根据香农—威纳指数将单位面积年物种损失的机会成本划分为 7 级，3 000～50 000 元/（$hm^2 \cdot a$）不等。在中国森林生态系统连续观测与清查及绿色核算的研究中将这一指数法做出改进，除了计算香农—维纳指数，还将一个地区的濒危物种、特有物种和古树名木考虑在内，附加权重，将一个地区的生物多样性信息纳入计算范畴。这一方法考虑了濒危物种和古树名木等物种的信息，特别适用于对森林生态系统植物的评估。但是这一方法需要有大量的数据支持计算，需要物种的数量、分布信息等。

效益转移的方法，也称为成果参照法，就是利用统计学和计量学方法，将已有的环境价值评价结果（称为研究地）转移到待评价地区（称为政策地），从而得到政策地的估算结果。这种方法的出现是基于在大量的评价实例上进行的综合研究。比如，Costanza 等对美国新泽西州的自然资本和生态系统服务的评估采用了这一方法，该研究建立在过去 130 多个案例的基础上。效益转化法在节省人力、物力和财力等方面具有优势，已成为自然生态环境价值评估的重要方法之一，但我国对这方面的研究起步较晚，由于缺乏系统性的方法研究，还没有统一的标准和规范，很容易导致评估结果不准确。目前，针对成果参照法评价结果进行的有效性检验显示，不同国家、地区间的经济发展水平及地理位置的差异，效益转移的有效性较差。

生境质量的模型，如 InVEST 生境质量模型运用生境质量和生境的稀缺性作为衡量景观生物多样性的指标。这个模型并不是要对生物多样性进行价值核算，只是试图评价生境的质量。但是，前提假设是生境质量越高，生物多样性越大，或基于生境质量对某地区的物种保育价值作出衡量。生境质量取决于生境距离人类的土地利用和强度。生境质量评价法的优点是其基于土地利用类型的遥感图像的计算，相对快速。但是缺点是计算公式比较复杂，需要定义很多的因子，比如，威胁因子、威胁源、生境对威胁的敏感性，而这些参数是通过主观判断或是专家打分获得，客观性不足，而且，对生境进行评价后并不能得出物种保育的价值，还需要结合其他价值化的方法，通过再一次的计算才能得出生物多样性价值。

支付意愿法被广泛地用来衡量生物多样性的价值。这种方法是通过个人对资源的支付意愿来体现的。它是基于虚拟市场对自然作出的评估。支付意愿法广泛应用于非使用价值的评估，它的优点是可以灵活的设计调查问卷，针对不同的保护对象计算价值，可以对物种或是生态系统的支付意愿进行估算。比如，旗舰物种的支付意愿、对整个自然保护区的支付意愿。支付意愿法本身的局限明显存在，由于受到受访者居住地、受教育程度、经济水平等的限制，评估的结果偏差很大，而且结果之间不可比。

能值法是基于 E.T. Odum 的能量系统理论，用地球年能值总量得出单个物种的能值和单位面积的能值。物种保育的价值为该地区物种的数量和面积乘以单位面积的能值和单个物种的能值。能值法的优点很明显，计算简单，所需的参数只有两个（物种数量和生态系统面积），而且在不同的生态系统服务之间有比较性，因为能值法的单位是统一的。这一方法的缺点也同样明显，它太过简略，忽略了物种分布的丰富度和生物多样性的重要信息。

生物多样性价值的大小与其野生动物的丰富度、野生维管束植物的丰富度、物种的特有性、受威胁物种程度以及物种生境环境质量等都有关系。香农—威纳指数主要是基于森林生态系统提出的，考虑了一个地区的濒危物种、特有种和古树名木。对于青海省祁连山区以草地生态系统为主的区域，不适合使用该方法进行评估。为此，本研究结合国家发布的《区域生物多样性评价标准》（HJ 623—2011），对青海省祁连山区生物多样性指数进行评估，并结合香农—威纳指数中提出的单位面积保育价值进行价值化核算。

3.7.2 实物量核算方法

生物多样性指数（*BI*）通过野生动物丰富度、野生维管束植物丰富度、生态系统类型多样性、物种特有性、受威胁物种丰富度以及外来物种入侵度等指标进行加权计算，并对生物多样性指数进行等级划分（表 3-5）。因青海省祁连山区海拔较高，外来物种相对较少，因此，不对外来物种入侵进行计算。

$$BI = R_V' \cdot 0.2 + R_P' \cdot 0.2 + D_E' \cdot 0.2 + E_D' \cdot 0.2 + R_T' \cdot 0.2 \quad (3\text{-}73)$$

式中，BI —— 生物多样性指数；

R_V' —— 归一化后的野生高等动物丰富度；

R_P' —— 归一化后的野生维管束植物丰富度；

D_E' —— 归一化后的生态系统类型多样性；

E_D' —— 归一化后的物种特有性；

R_T' —— 归一化后的受威胁物种的丰富度。

表 3-5 生物多样性状况的临时分级标准

生物多样性等级	生物多样性指数	生物多样性状况
高	$BI \geqslant 60$	物种高度丰富，特有属、种繁多，生态系统丰富多样
中	$30 \leqslant BI < 60$	物种较丰富，特有属、种较多，生态系统类型较多，局部地区生物多样性高度丰富
一般	$20 \leqslant BI < 30$	物种较少，特有属、种不多，局部地区生物多样性较丰富，但生物多样性总体水平一般
低	$BI < 20$	物种贫乏，生态系统类型单一、脆弱，生物多样性极低

注：以上分级标准将在充分试点的基础上进一步调整。

（1）野生高等动物丰富度

野生高等动物丰富度是指被评价区域内已记录的野生高等动物的物种数，用于表征野生动物的多样性。统计范围为野生哺乳类、鸟类、爬行类、两栖类、淡水鱼类。在江（河）、海之间洄游的鱼类、生活在咸淡水交汇处的河口性鱼类可视为淡水鱼类。迁徙鸟类和洄游鱼类，只要出现在本地，均纳入统计范围。在人工生境下生长的家养动物不在统计范围，如鱼塘中的养殖鱼类、养殖场的动物、动物园中的动物等。

（2）野生维管束植物丰富度

野生维管束植物丰富度是指被评价区域内已记录的野生维管束植物的物种数，用于表征野生植物的多样性。人工种植或栽培植物不在统计范围内，如在各类人工林、农田、果园、菜地、植物园、种植园等种植或栽培的植物，但可包括野外大面积分布的人工林、农田中本地杂草。

（3）生态系统类型多样性

生态系统类型多样性是指被评价区域内基于植被类型的自然或半自然生态系统的类型数，用于表征自然生态系统的类型多样性。主要采用不同生态系统的具体分类数据，如森林，包括有林地、灌木林地、疏林地等；草地分为高中低覆盖草地；湿地则包括沼泽地、河流湖泊以及冰川等。具体数据来自青海省生态环境厅。

（4）物种特有性

物种特有性是指被评价区域内中国特有的野生高等动物和野生维管束植物的相对数量，用于表征物种的特殊价值。

物种特有性=（中国特有的野生高等动物种数/635+中国特有的野生维管束植物种数/3 662）/2

其中，635 和 3 662 分别是我国县级行政区域中野生高等动物和野生维管束植物的最大物种数。

（5）受威胁物种的丰富度

受威胁物种是指《IUCN 物种红色名录濒危等级和标准》中收录的属于极危（Critically Endangered，CR）、濒危（Endangered，EN）、易危（Vulnerable，VU）的物种。

受威胁物种的丰富度=（受威胁的野生高等动物种数/635+受威胁的野生维管束植物种数/3 662）/2

（6）评价指标的归一化处理

归一化后的评价指标=归一化前的评价指标×归一化系数

归一化系数=100/A 最大值。

A 最大值：指某指标归一化处理前的最大值（表 3-6）。

表 3-6 相关评价指标的最大值

指标	A 最大值
野生维管束植物丰富度	3 662
野生高等动物丰富度	635
生态系统类型多样性	124
物种特有性	0.334 0
受威胁物种的丰富度	0.157 2

3.7.3 价值量核算方法

各地区的生物多样性价值量是以生物多样性指数为基础数据，结合香农指数进行级别划分，并确定各年份单位面积生物保育价格，以森林、草地和湿地作为生物保育依托的生态系统类型，进行生物多样性保育价值核算。

$$G_{bio} = I_{BI} \cdot \sum_{i=1}^{3} A_i \tag{3-74}$$

式中，G_{bio}—— 生物多样性保育价值；

I_{BI}—— 不同生物多样性指数对应的单位面积保育价值；

A_i—— 湿地、草地、森林等不同生态系统的面积。

3.8 文化服务功能与价值量核算方法

3.8.1 核算思路与方法概述

祁连山旅游景区是森林、草地、水体、裸岩、河滩等区域综合性的地域环境，其旅游文化服务价值主要体现在人们利用平时空闲的时间，以美丽的自然景观和优美的森林生态环境为主要游憩资源的环境中获得愉快的感受为目的。

文化服务资源的使用价值和基础性，主要体现在对游客的吸引力，随着社会的进步、经济的发展、科学技术的进步和公众的认知不断加深，旅游业需要多样化、个性化的资源范畴也在不断扩大，包括物质性、非物质性，有形、无形的旅游资源。文化服务价值的评价要从客观实际出发，将文化服务资源所处地域的区位、环境、客源、经济发展水平、交通状况、旅游开发情况和邻近区域旅游状况等均纳入评价范畴，进行系统评价。充分运用合理恰当的知识理论和科学评价方法，指导文化服务资源的价值评价工作。

3.8.2 核算范围

祁连山区的旅游资源包括自然资源、生态资源和人文资源 3 个部分，其之间互为依托和陪衬，各类旅游资源是对旅游者产生吸引力的各类旅游资源构成因素的总和（表 3-7）。

表 3-7 旅游资源构成

类别	主要构成因素
自然资源	森林、山、水、天气、珍稀动物、珍稀植物等
生态资源	空气、水、阳光、负氧离子、草甸土等
人文资源	历史古迹、风俗民情、地域特色、艺术文化等

本研究主要是为了研究自然资源和生态资源带来的旅游文化服务价值，因此需要对祁连山区所有旅游资源按照表 3-7 进行区分，将其中以人文资源为主体的旅游景点排除，重点分析以自然资源和生态资源为主体的旅游项目。

3.8.3 实物量核算方法

祁连山区的旅游文化服务价值的实物量主要体现在旅游人口，依据青海省旅游局编制的《青海省旅游统计便览 2011》《青海省旅游统计便览 2015》《青海省旅游统计便览 2017》中祁连山区 2011 年、2015 年和 2017 年旅游人口数，利用公式（3-75）得到祁连山区由自然资源和生态系统带来的文化服务实物量。

$$EC = P_{\text{num}} \cdot P_{\text{nature}} \tag{3-75}$$

式中，EC —— 生态系统文化服务实物量；

P_{num} —— 旅游人数；

P_{nature} —— 自然生态景观比例。

3.8.4 价值量核算方法

祁连山区的旅游文化服务价值的实物量主要体现在旅游收入，依据青海省旅游局编制的《青海省旅游统计便览 2011》《青海省旅游统计便览 2015》《青海省旅游统计便览 2017》中祁连山区 2011 年、2015 年和 2017 年旅游收入，利用公式(3-76)得到祁连山区由自然资源和生态系统带来的文化服务价值量。

$$EC_v = T_v \cdot P_{\text{nature}} \tag{3-76}$$

式中，EC_v —— 生态系统文化服务实物量；

T_v —— 旅游收入；

P_{nature} —— 自然生态景观比例。

第 4 章

青海省祁连山区生态系统功能与价值量核算

4.1　生态系统面积与净初级生产力指标分析

根据青海省祁连山区的土地利用调查数据，将研究区域划分为 6 大生态系统，即农田生态系统、森林生态系统、草地生态系统、湿地生态系统、城镇生态系统和荒漠生态系统。2011 年、2015 年和 2017 年各生态系统面积如表 4-1 和图 4-1 所示。

表 4-1　青海省祁连山区各生态系统面积统计　　单位：km^2

生态系统类型	土地利用二级类型	2011 年	2015 年	2017 年
农田生态系统	总计	3 211.18	2 818.73	2 808.57
	山地旱地	2 048.65	2 058.20	2 052.35
	平原旱地	1 162.53	760.53	756.22
森林生态系统	总计	7 878.28	8 340.03	8 338.65
	有林地	1 384.99	2 477.77	2 474.17
	灌木林	6 217.10	5 402.09	5 400.81
	疏林地	272.68	156.21	159.25
	其他林地	3.51	303.96	304.42
草地生态系统	总计	42 857.20	41 638.86	41 609.18
	高覆盖度草地	28 414.29	25 706.05	25 689.15
	中覆盖度草地	5 870.27	5 799.61	5 788.11
	低覆盖度草地	8 572.64	10 133.20	10 131.92

生态系统类型	土地利用二级类型	2011 年	2015 年	2017 年
湿地生态系统	总计	5 371.39	5 556.94	5 586.87
	河渠	687.10	714.69	713.79
	湖泊	2 019.90	2 093.23	2 093.22
	水库坑塘	7.35	30.56	54.37
	沼泽地	1 613.15	1 500.25	1 499.70
	永久性冰川/雪地	593.45	486.54	486.54
	滩地	450.44	731.67	739.25
城镇生态系统	总计	278.14	879.87	885.88
	城镇用地	32.36	60.13	57.96
	农村居民点	109.58	290.61	292.06
	其他建设用地	136.20	529.13	535.86
荒漠生态系统	总计	8 129.46	8 491.25	8 496.48
	沙地	383.28	294.72	294.72
	戈壁	15.03	18.17	17.75
	盐碱地	0.46	0	0
	裸土地	24.48	48.17	48.13
	裸岩石质地	7 705.54	8 130.19	8 135.88
	其他	0.67	0	0
总计		67 725.65	67 725.67	67 725.63

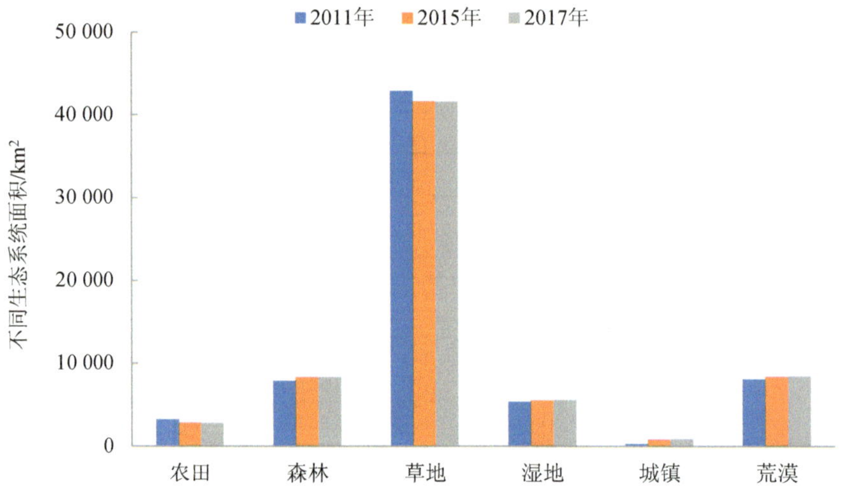

图 4-1 青海省祁连山区各类生态系统面积

从表 4-1 中各生态系统和土地利用二级分类看，草地生态系统面积最大，3 年的面积分别达到 42 857.20 km^2、41 638.86 km^2 和 41 609.18 km^2，比例均超高区域总面积的 60%，但整体呈现下降趋势，草地中高覆盖草地面积最大。荒漠生态系统面积仅次于草地，其次是森林生态系统，森林面积从 2011 年的 7 878.28 km^2 增加到 2017 年的 8 338.63 km^2，其中增加最为明显的是林地，尤其在 2011 年至 2015 年增加面积超过 1 000 km^2。湿地面积变化相对平缓，一直处于增加趋势，但湿地中的永久性冰川面积呈下降趋势，减小了 106.90 km^2。荒漠面积处于稳定，表现出裸露性岩石面积增加的趋势。农田面积较少且整体呈现下降趋势，山地旱地面积基本维持稳定，但平原旱地面积缩减明显。随着经济的发展，城镇发展尤其是各种建设用地的增多不可避免的会侵占其他生态系统。

不同时期各生态系统类型的空间分布特征如图 4-2 所示，青海省祁连山区的农田生态系统主要分布在东部县（区），尤其互助县和民和县面积最广，2011—2017 年两县农田总面积均超过全区农田总面积的 55%（表 4-2 和图 4-3）。森林生态系统主要分布在祁连县、门源县和互助县。草地是分布最广的生态系统类型，西部的天峻县和祁连县是草地的主要分布区，刚察县南部区域也有大面积的草地分布，而东部的互助县、乐都区和民和县草地面积较少。湿地生态系统除青海湖外，其他湿地类型主要分布在中西部县（区），以祁连县和天峻县最广，冰川也主要分布于这两个县。荒漠分布范围较为零散，以天峻县、祁连县和门源县为主。综合来看，各生态系统类型在 2011—2015 年分别有一定程度的变化，青海省祁连山区的森林和草地植被整体覆盖程度所有好转，其中有林地面积增加明显，但高覆盖草地面积在 2011—2015 年减小较多，而低覆盖草地面积却呈增加趋势。

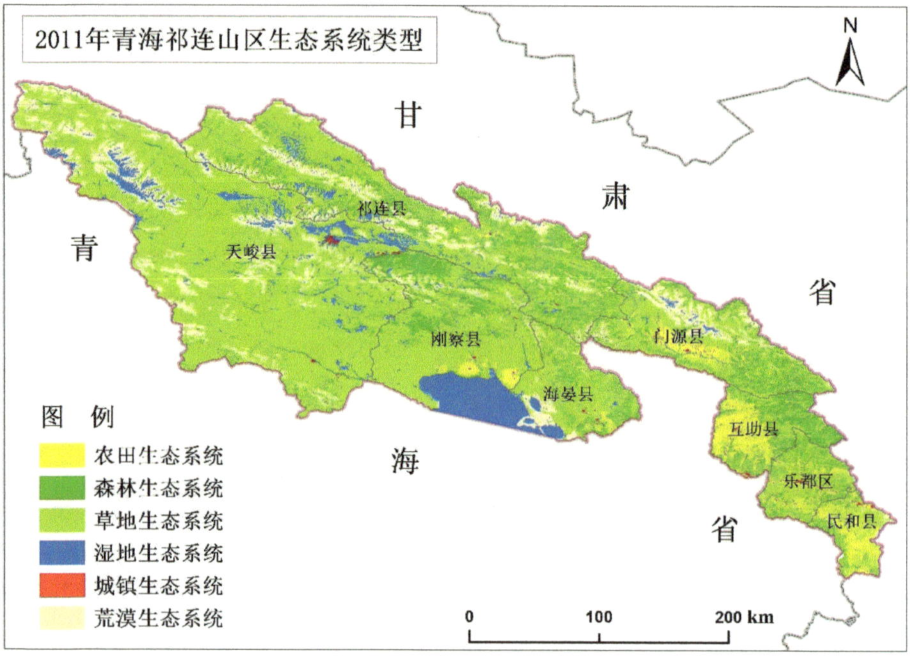
2011年青海祁连山区生态系统类型
N
甘
肃
省
青
海
省
祁连县
天峻县
刚察县
门源县
海晏县
互助县
乐都区
民和县
图例
农田生态系统
森林生态系统
草地生态系统
湿地生态系统
城镇生态系统
荒漠生态系统
0
100
200 km

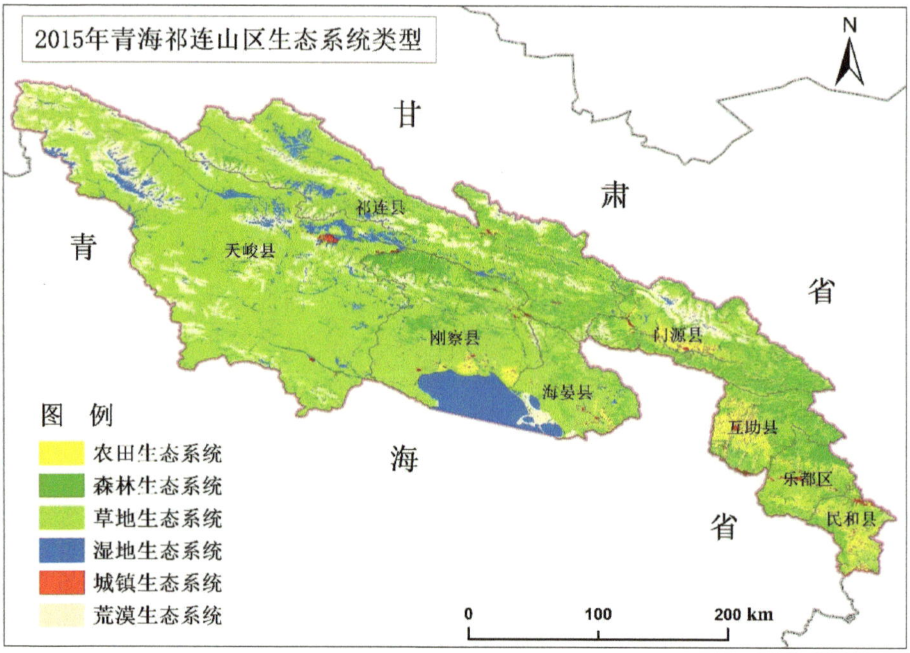
2015年青海祁连山区生态系统类型
N
甘
肃
省
青
海
省
祁连县
天峻县
刚察县
门源县
海晏县
互助县
乐都区
民和县
图例
农田生态系统
森林生态系统
草地生态系统
湿地生态系统
城镇生态系统
荒漠生态系统
0
100
200 km

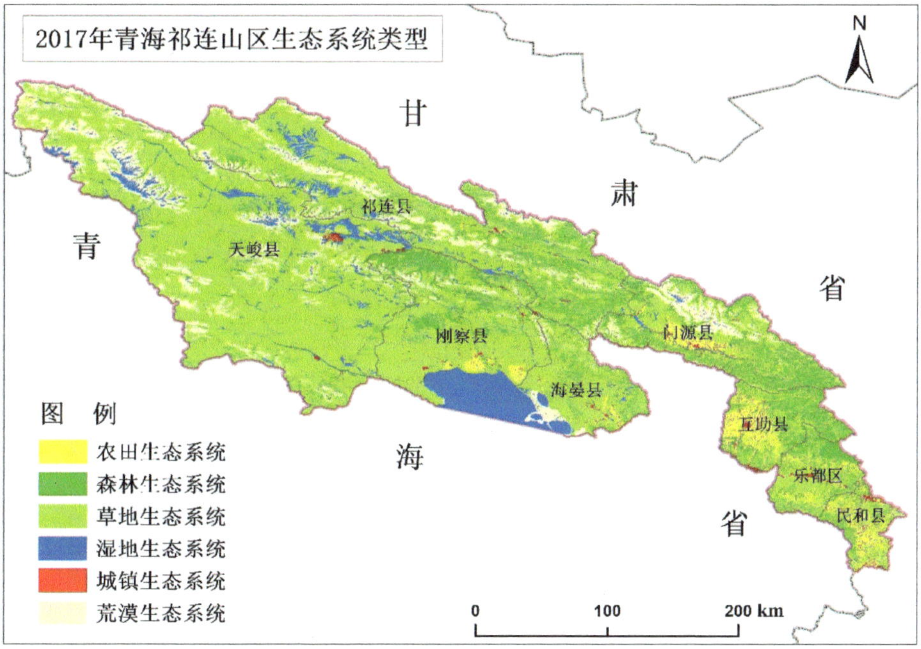

图 4-2 青海省祁连山区各类生态系统空间分布

表 4-2 青海省祁连山区各县（区）生态系统面积统计 单位：km^2

县（区）名	农田			森林			草地		
	2011 年	2015 年	2017 年	2011 年	2015 年	2017 年	2011 年	2015 年	2017 年
天峻县	0.00	5.33	5.75	396.91	437.26	437.27	19 243.59	18 842.67	18 844.00
祁连县	55.49	30.92	30.83	2 414.71	2 089.93	2 089.80	8 406.65	8 471.87	8 467.68
刚察县	269.50	254.78	255.95	1 425.90	1 467.47	1 467.63	5 823.51	5 598.44	5 592.16
门源县	636.43	491.03	487.28	1 176.20	1 635.65	1 631.39	3 323.75	2 894.86	2 887.35
海晏县	88.21	79.24	79.16	592.64	471.57	471.53	2 628.63	2 729.75	2 726.67
互助县	1 072.15	893.22	890.72	1 155.37	1 112.38	1 114.21	1 057.93	1 168.55	1 164.34
乐都区	378.34	404.03	403.12	525.14	744.24	745.05	1 498.90	1 245.02	1 241.99
民和县	711.04	660.17	655.76	191.42	381.51	381.77	874.26	687.71	685.00
总计	3 211.16	2 818.72	2 808.57	7 878.29	8 340.01	8 338.65	42 857.22	41 638.87	41 609.19

	湿地			城镇			荒漠		
县名	2011 年	2015 年	2017 年	2011 年	2015 年	2017 年	2011 年	2015 年	2017 年
天峻县	1 924.23	1 900.03	1 899.89	51.63	100.71	99.51	4 000.14	4 316.75	4 316.33
祁连县	820.54	934.77	935.82	9.24	59.70	63.06	2 229.62	2 324.79	2 324.79
刚察县	1 757.56	1 749.30	1 757.48	48.35	186.07	177.16	343.42	383.80	389.48
门源县	190.97	231.50	253.32	40.04	127.54	121.24	1 025.83	1 006.21	1 006.21
海晏县	631.52	672.67	672.66	36.40	98.44	101.66	456.50	391.01	391.01
互助县	10.95	30.47	30.31	31.33	138.80	143.85	12.77	10.44	10.43
乐都区	13.32	15.03	14.25	43.97	66.91	70.80	13.89	9.21	9.22
民和县	22.28	23.17	23.15	17.21	101.70	108.60	47.31	49.04	49.01
总计	5 371.37	5 556.91	5 586.88	278.17	879.87	885.88	8 129.48	8 491.25	8 496.48

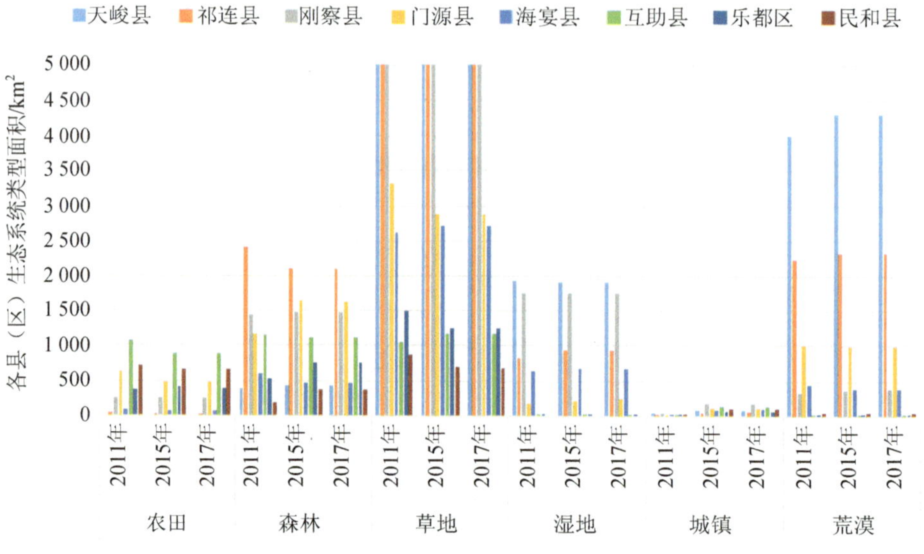

图 4-3 青海省祁连山区各县（区）生态系统面积

净初级生产力（Net Primary Productivity，NPP）是生态系统中绿色植被用于生长、发育和繁殖的能量值，也是生态系统中其他生物生存和繁衍的物质基础，以 2017 年为例，统计各生态系统类型的 NPP 的总量比例，并重点对森林、草地和湿地的 NPP 量进行趋势分析（图 4-4）。2017 年总 NPP 量为 1 305.35 万 t，草地和森林为蓄积 NPP 的主要生态系统类型，其中草地占比达 61.86%，总量为 807.47 万 t，森林占比为 17.52%，总量为 228.70 万 t；从森林、草地和湿地的 NPP 变化趋势可以看出，草地和湿地生态系统中的植被长势呈现稍微下降的趋势。

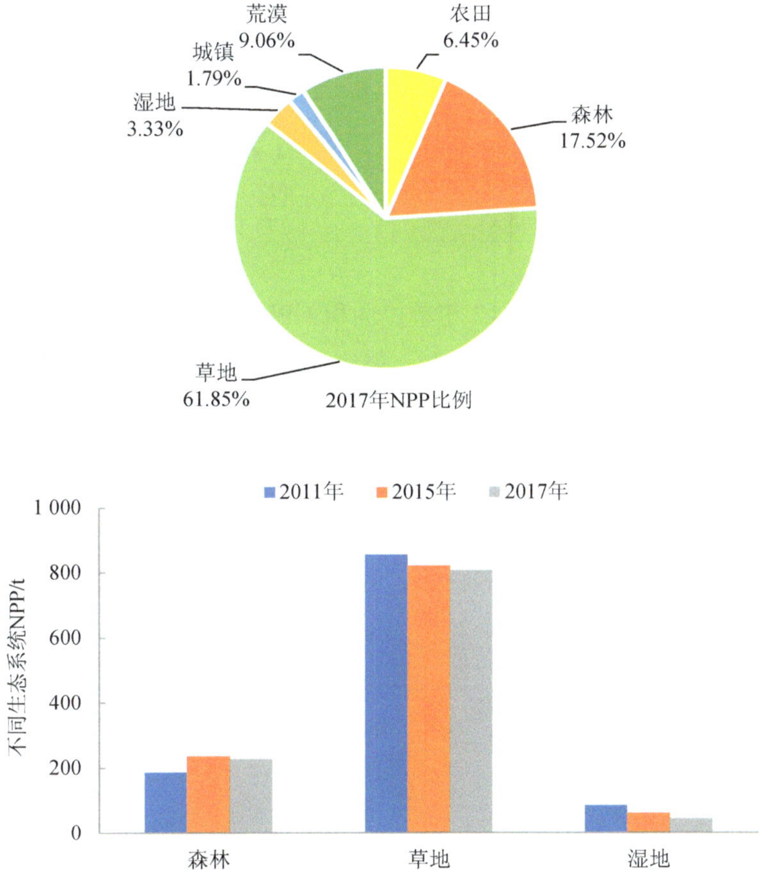

图 4-4 青海省祁连山区各类生态系统类型 NPP 比例及变化趋势

对青海省祁连山区各县（区）的 NPP 进行统计（表 4-3）。青海省祁连山区 NPP 总量呈现出缓增的趋势，与区域植被覆盖逐年好转呈现出正相关性，由于天峻县、祁连县和刚察县森林和草地植被覆盖相比其他县较广，县域面积也较大，所以其 NPP 总量较高，天峻县每年 NPP 占比都超过区域总量的 25%，祁连县也超过 20%。

表 4-3　青海省祁连山区各县（区）NPP 总量统计　　单位：万 t

县（区）名	2011 年	2015 年	2017 年
天峻县	336.12	327.33	374.95
祁连县	281.11	292.24	267.33
刚察县	189.83	187.38	195.53
门源县	160.27	160.35	161.93
海晏县	90.74	91.80	92.70
互助县	101.91	103.48	112.00
乐都区	61.84	60.89	54.97
民和县	48.82	49.63	45.94
总计	1 270.64	1 273.12	1 305.35

青海省祁连山区 2011—2017 年单位面积 NPP 空间分布如图 4-5 所示，祁连山区的单位 NPP 空间分布差异性较大，整体呈现出从西向东逐渐增加的趋势。与总量相反，单位面积 NPP 值与植被覆盖度有关，有农田和森林分布的区域，植被覆盖度相对高于草地区域，即在空间上表现为东部县（区）的单位面积 NPP 值高于西部。

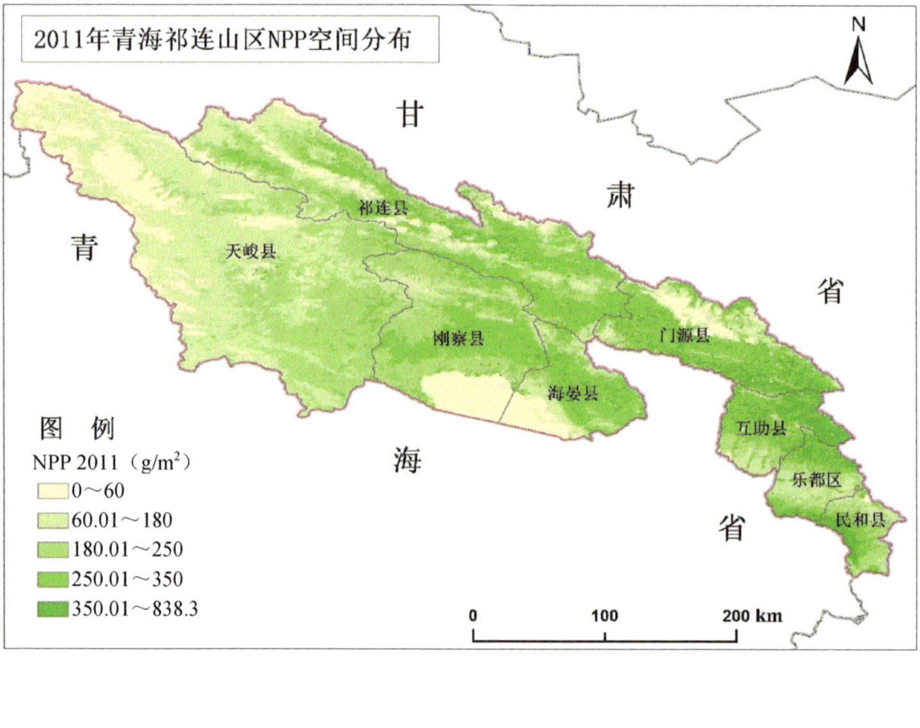

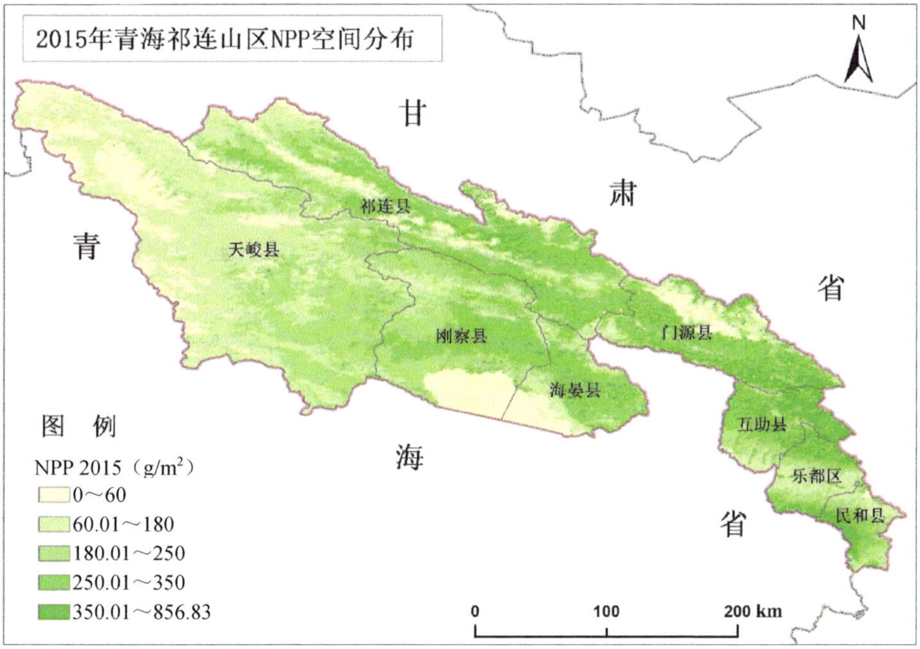

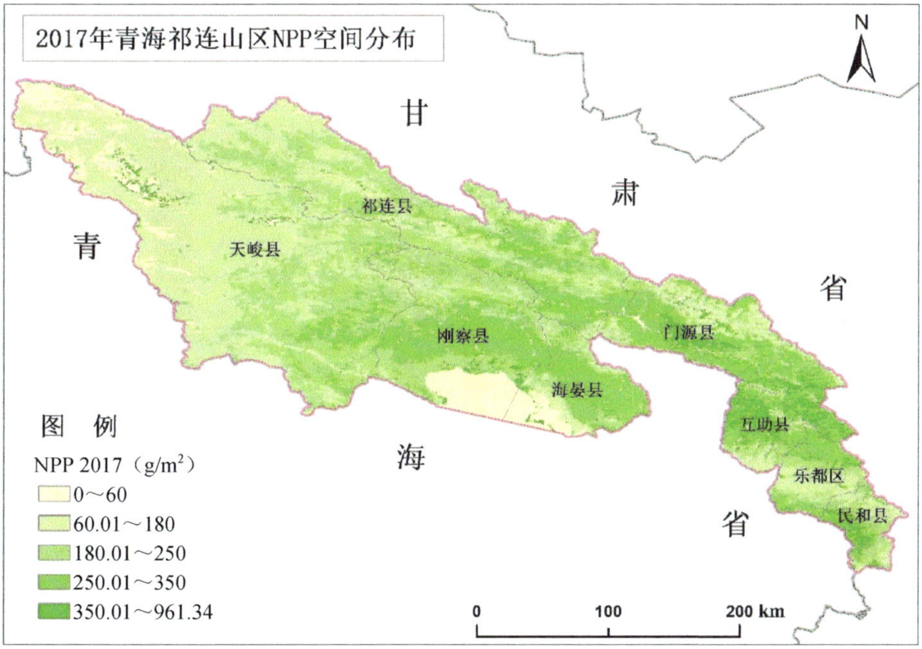

图 4-5 青海省祁连山区单位面积 NPP 空间分布

4.2 生态系统供给服务与功能核算

4.2.1 实物量核算

根据实物量核算方法和框架确定的指标，利用《海西州统计年鉴》《海北州统计年鉴》《海东市统计年鉴》《青海省水资源公报》以及海东市、海北州和海西州社会经济公报等数据开展了 2011 年、2015 年和 2017 年的青海省祁连山区生态系统供给服务的实物量核算。在核算过程中，部分统计指标需要经过处理，如枸杞、食用菌等通过经验系数将统计中的干重换算为湿重进行核算。

核算结果表明，青海省祁连山区 2011 年共提供生态产品 49.84 万 t（图 4-6），2015 年为 74.63 万 t，2017 年为 78.55 万 t，其间增长了 157.60%，年均增长率达到 26.27%。其中海西州和海北州增长幅度较为缓慢，2011—2015 年和 2015—2017 年增幅基本一致。但海东市 2011—2015 年增长迅猛，有较高速的发展。

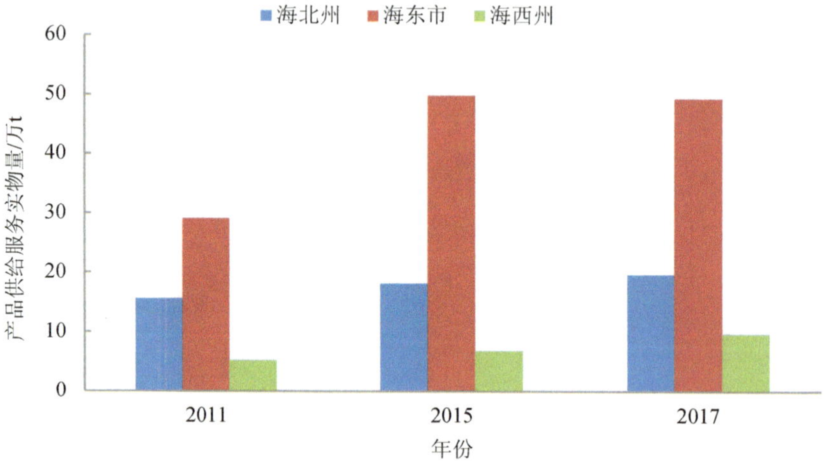

图 4-6　2011 年、2015 年和 2017 年青海省祁连山区生态系统供给服务实物量

从核算的一级指标来看，农业产品和畜牧业产品均有小幅上涨，其中畜牧业产品的供给上涨幅度最大，高达 189%。但畜牧业供给产品的基数较小，对整体涨

幅影响没有农业产品大。另外，由于统计数据的缺失，目前还不掌握各县林业和渔业实物量的统计结果。由于水资源公报中用水量并未按照分县域进行统计，因此本研究也缺少水资源供给量核算结果。

从各县（区）的生态产品来看（图 4-6），各县（区）主要供给服务差异较大，其中海北州祁连县供给服务以畜牧业为主，门源县以农产品为主，刚察县和海晏县农牧业均不发达。海东市相对海北州各县供给实物量较为均衡，其中，民和县在 2011—2015 年农产品供给服务的增长较为突出。2015—2017 年互助县和民和县的农产品供给服务基本保持平稳。

4.2.2 价值量核算

根据实物量核算框架中的一级指标分类，利用《海西州统计年鉴》《海北州统计年鉴》《海东市统计年鉴》中对农产品、畜牧业产品、林业产品、渔业产品的产值现价统计作为这 4 类一级指标的价值量。

核算结果显示（图 4-7），2011 年青海省祁连山区 8 个县（区）的生态系统产品供给价值 60.21 亿元，2015 年生态系统产品供给价值总额达到了 91.33 亿元，2017 年生态系统产品供给价值总额达到了 98.13 亿元。其中 2011—2015 年增长了 62.98%，2015—2017 年增长了 7.45%，增长率有所放缓。

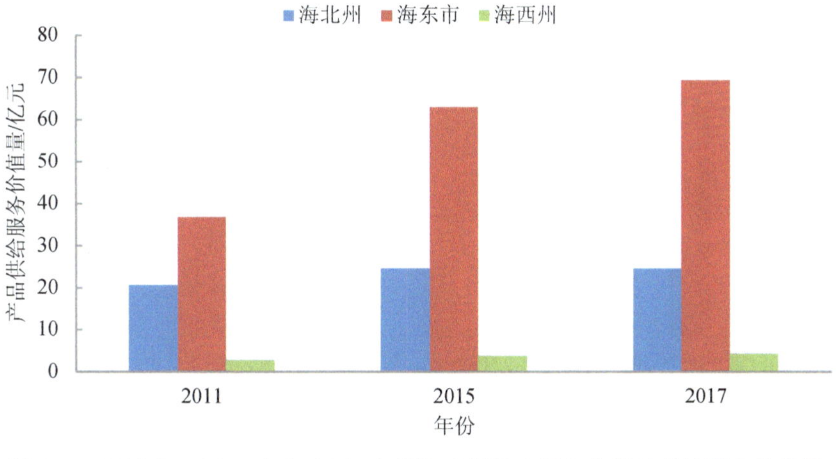

图 4-7 2011 年、2015 年和 2017 年青海省祁连山区生态系统供给服务价值量

分市州来看（图 4-8），海北州的供给服务价值主要来自祁连县的畜牧产品和门源县的农业产品。

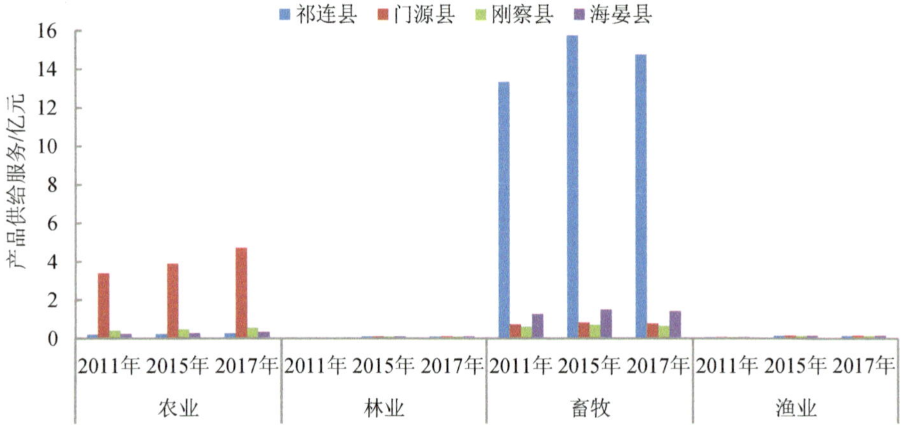

图 4-8　2011 年、2015 年和 2017 年海北州分县生态系统供给服务价值量

海北州农牧业发达，是供给服务价值的主要来源，林业和渔业产品供给价值较低，其中互助县、乐都区和民和县的农业和畜牧业产品在核算期内均呈阶梯式稳步上升趋势（图 4-9）。

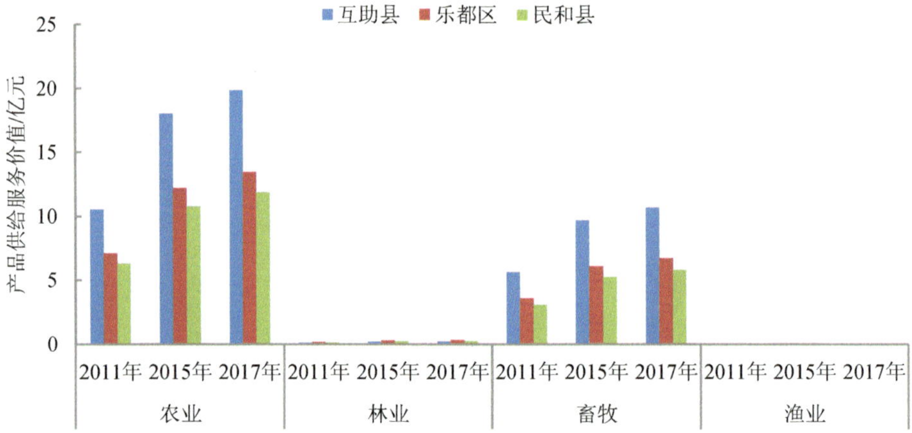

图 4-9　2011 年、2015 年和 2017 年海东市分县（区）生态系统供给服务价值量

4.3 调节服务与功能核算

4.3.1 气候调节服务功能核算

（1）固碳调节服务

1）实物量核算

生态系统固碳量与生态系统的植被类型、植被长势以及水热条件等相关，根据青海省祁连山区具体的自然生态条件，本研究仅对森林、草地和湿地 3 种生态系统进行了固碳服务核算。固碳服务核算所有方法为 NEP 法，而 NEP 是基于净初级生产力（NPP）数据获得，固碳实物量的核算结果在空间上与 NPP 以及土地利用类型存在一定相似性。

青海省祁连山区 2011—2017 年总固碳量基本维持稳定（表 4-4），三期固碳量分别为 469.88 万 t、465.87 万 t 和 456.54 万 t；因草地分布范围较广，面积较大，所以祁连山区草地生态系统是固碳的主要部分，总固碳量达到 370 万 t 左右，总体呈下降趋势，但变化量不大，与草地的面积变化有关，2011—2017 年 3 期分别占总固碳量的 81.58%、79.49%和 80.13%；而森林生态系统和湿地生态系统固碳量较少，尤其是湿地的固碳量明显小于森林和草地。

表 4-4 青海省祁连山区各生态系统固碳量 单位：万 t

生态系统类型	2011 年	2015 年	2017 年
森林生态系统	84.48	93.25	89.08
草地生态系统	383.32	370.34	365.81
湿地生态系统	2.08	2.28	1.65
总计	469.88	465.87	456.54

从空间分布上看（图 4-10），天峻县因其草地面积高于其他县（区），其固碳量处于首位，而祁连县草地面积仅次于天峻县，且其森林面积较大，固碳较多；民和县、乐都区和互助县农田面积占比高，也有部分森林和草地，但这 3 个县(区)的面积较小，其固碳量较少。由于各县生态系统面积变化不同，每个县的固碳变化趋势呈现不同特点，但总体变化都不大。

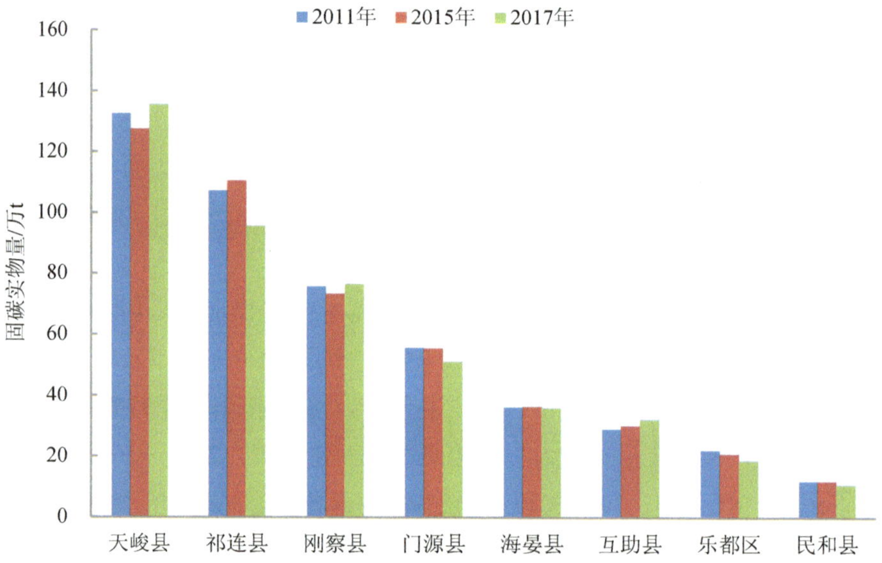

图 4-10　青海省祁连山区各县（区）固碳量

祁连山区的固碳量整体在空间上显现出从东向西逐渐递减的趋势，固碳量的空间分布与 NPP 空间分布特点呈现出一定的相关性，由于森林生态系统的 NPP 值较高，所以区域森林生态系统分布集中的区域固碳量相对较高，2017 年最高值达到 420.96 t，如乐都区北部、互助县东部、门源县东南部以及祁连县的山地区域等。除林地外，高覆盖度草地区域的固碳量较高，如青海湖周边的刚察县和海晏县较其他草地分布较广的区县的固碳量都高，而天峻县虽然草地面积广阔，但其中覆盖度和低覆盖度草地面积也大，其固碳量呈现出低值（图 4-11）。

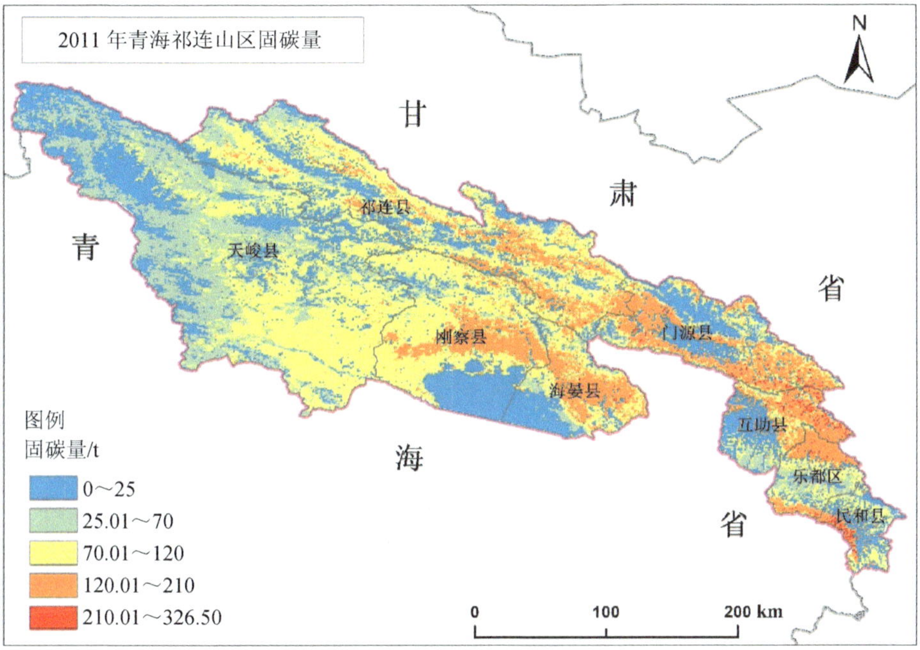
2011 年青海祁连山区固碳量
N
甘
肃
省
青
海
省
祁连县
天峻县
刚察县
海晏县
门源县
互助县
乐都区
民和县
图例
固碳量/t
0～25
25.01～70
70.01～120
120.01～210
210.01～326.50
0
100
200 km

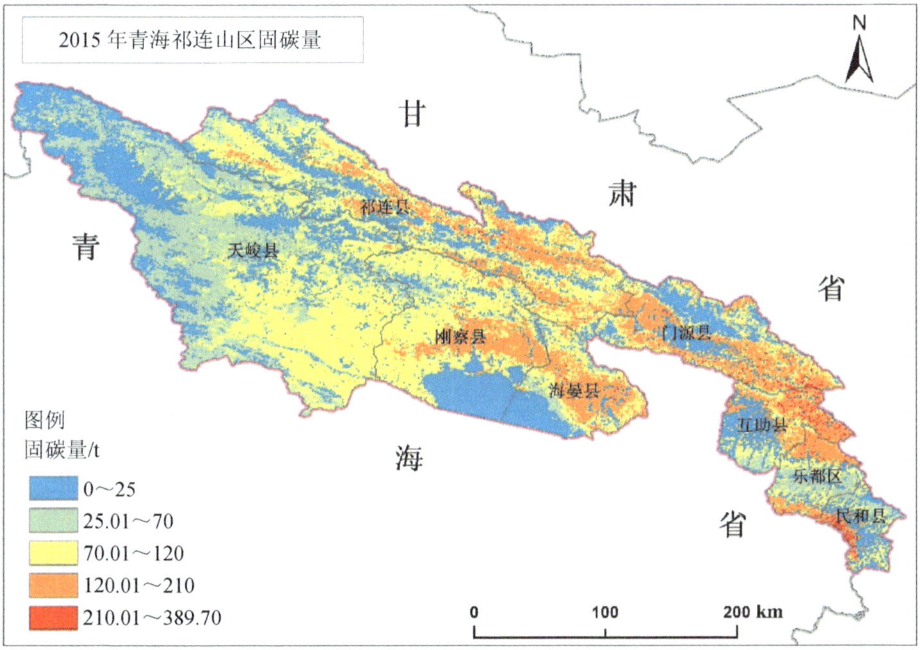
2015 年青海祁连山区固碳量
N
甘
肃
省
青
海
省
祁连县
天峻县
刚察县
海晏县
门源县
互助县
乐都区
民和县
图例
固碳量/t
0～25
25.01～70
70.01～120
120.01～210
210.01～389.70
0
100
200 km

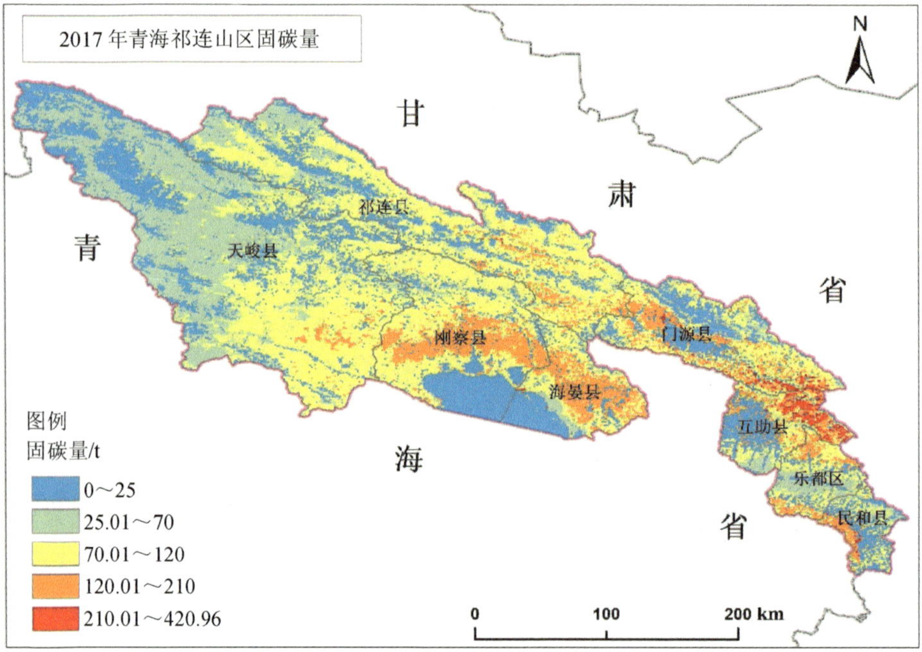

图 4-11 青海省祁连山区固碳实物量空间分布

2）价值量核算

本研究通过对全国的碳交易价格进行统计对比，由于青海省并无相应的数据，利用碳市场交易较成熟的上海碳交易价格作为青海省祁连山区固碳价值量的核算依据，即将固碳量与碳交易价格相乘即可得到相应的价值量，2011 年、2015 年和 2017 年价格分别为 29.21 元/t、23.72 元/t 和 34.79 元/t。统计结果如表 4-5 和图 4-12 所示。

表 4-5 青海省祁连山区各县（区）固碳价值量统计　　单位：亿元

县（区）名	2011 年	2015 年	2017 年
天峻县	0.39	0.30	0.47
祁连县	0.31	0.26	0.33
刚察县	0.22	0.17	0.27
门源县	0.16	0.13	0.18
海晏县	0.11	0.09	0.13

县（区）名	2011 年	2015 年	2017 年
互助县	0.08	0.07	0.11
乐都区	0.06	0.05	0.07
民和县	0.03	0.03	0.04
总计	1.36	1.10	1.50

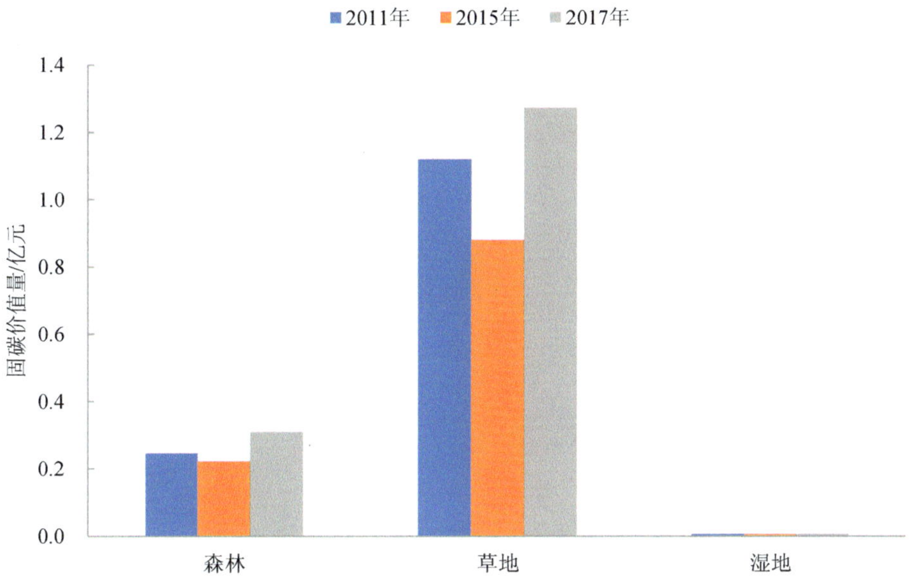

图 4-12　青海省祁连山区各生态系统固碳价值量统计

2011 年、2015 年和 2017 年青海省祁连山区固碳价值量分别为 1.36 亿元、1.10 亿元和 1.50 亿元，由于碳交易价格在 2015 年出现回落，使固碳价值量与实物量并未表现出相同的变化趋势，2015 年总价值量相对偏低，但各行政区间的固碳价值量与实物量相同；从各生态系统上看，草地固碳价值量最高，受碳价格影响而产生的波动也最明显，由于森林生态系统面积 2011—2015 年出现明显增长，使其总固碳价值量未出现太大回落，湿地的固碳价值量最低。各时期固碳价值量的空间分布如图 4-13 所示。

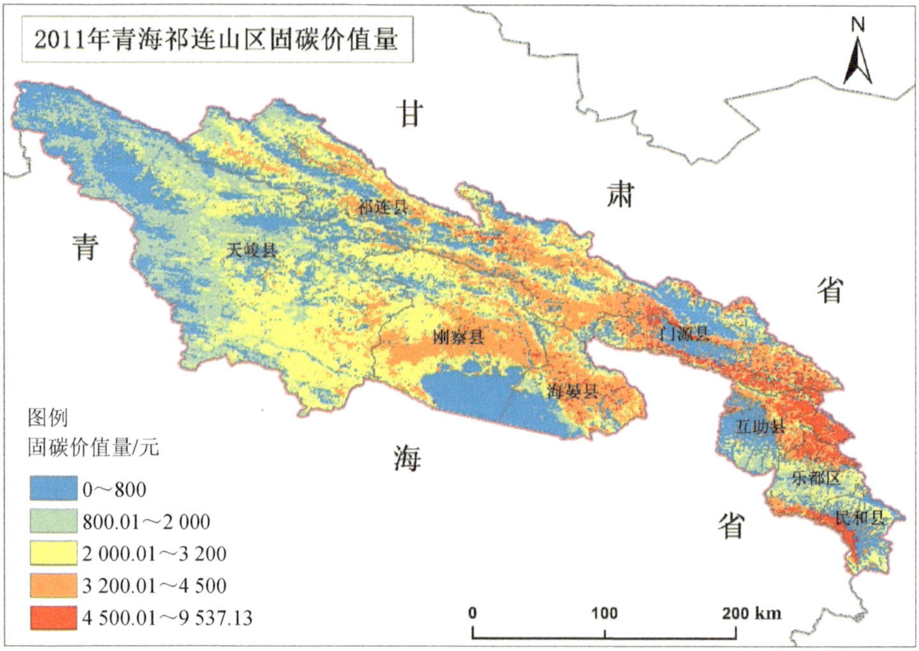
2011年青海祁连山区固碳价值量
N
甘
肃
省
青
海
省
祁连县
天峻县
刚察县
门源县
海晏县
互助县
乐都区
民和县
图例
固碳价值量/元
0～800
800.01～2 000
2 000.01～3 200
3 200.01～4 500
4 500.01～9 537.13
0
100
200 km

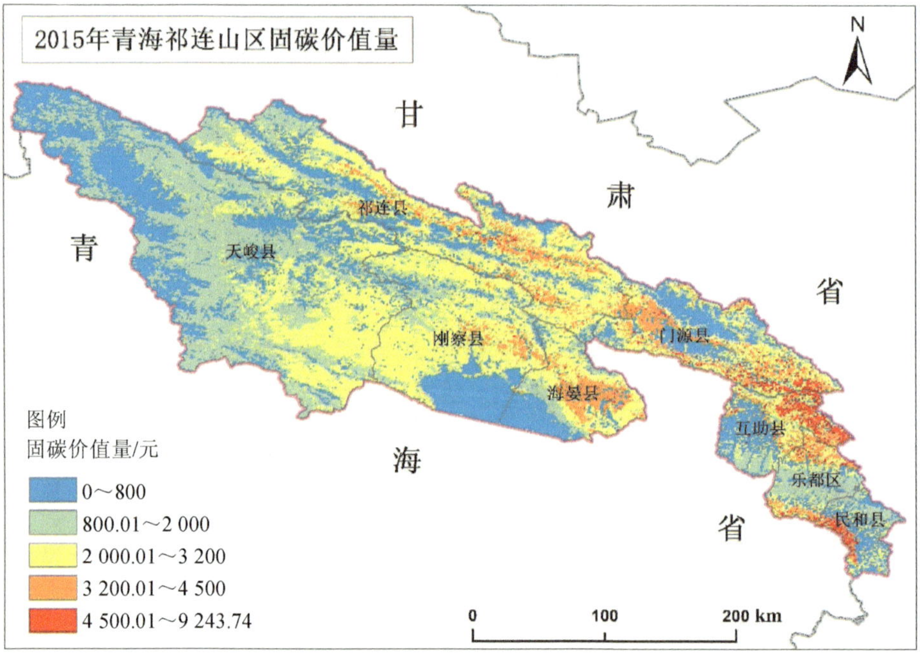
2015年青海祁连山区固碳价值量
N
甘
肃
省
青
海
省
祁连县
天峻县
刚察县
门源县
海晏县
互助县
乐都区
民和县
图例
固碳价值量/元
0～800
800.01～2 000
2 000.01～3 200
3 200.01～4 500
4 500.01～9 243.74
0
100
200 km

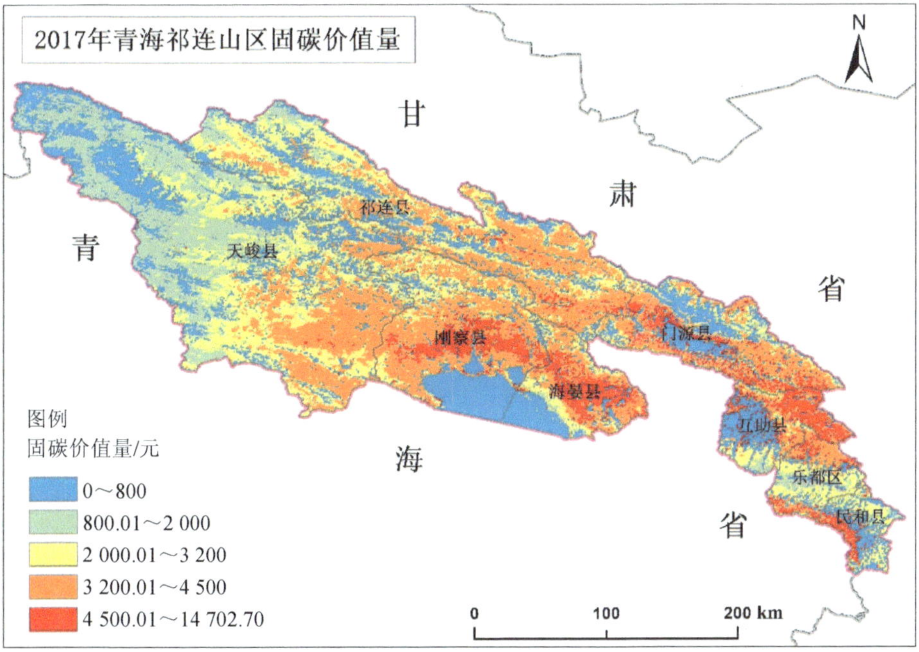

图 4-13 青海省祁连山区固碳价值量空间分布

（2）释氧服务功能核算

1）实物量核算

生态系统释氧量基于固碳量进行核算，森林和草地生态系统的释氧实物量结果和空间分布特点与固碳量存在一定的对应关系，湿地类型的释氧量则直接利用 NEP 进行转换。青海省祁连山区 2011 年、2015 年和 2017 年释氧量分别为 356.65 万 t、355.03 万 t 和 344.09 万 t（表 4-6），总体呈现出逐年下降的趋势，但变化量不大，这与草地和湿地的 NPP 蓄积量略微下降有关。草地的释氧量高于森林和湿地，3 年分别占总释氧量的 78.46%、76.15%和 77.61%。各行政区的释氧量如图 4-14 所示，各县释氧量的对比排序与固碳量相同，天峻县释氧量依然高于其他县（区），而民和县、乐都区和互助县的释氧量相对较低。

表 4-6 青海省祁连山区各生态系统释氧量 单位：万 t

生态系统名称类型	2011 年	2015 年	2017 年
森林生态系统	61.67	68.08	65.03
草地生态系统	279.82	270.35	267.04
湿地生态系统	15.16	16.60	12.02
总计	356.65	355.03	344.09

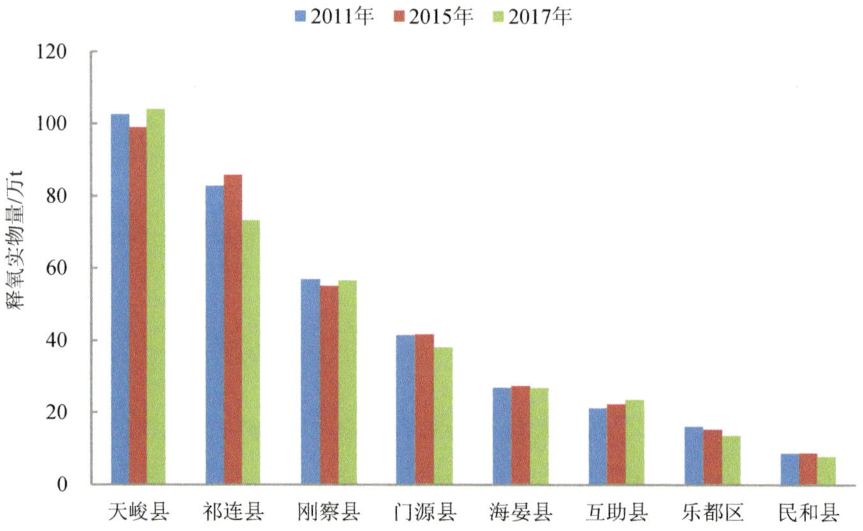

图 4-14 青海省祁连山区各县（区）释氧实物量

3 年的释氧量空间分布状况如图 4-15 所示，释氧量在区域空间上与固碳量存在相似性，如森林面积比重较大的乐都区、互助县和门源县释氧量呈现出高值，草地分布较广的天峻县和刚察县释氧量则稍低；与固碳量空间分布不同的是，因湿地区域释氧量是 NEP 直接进行核算，故部分湿地区域的释氧量呈现出了较高值。

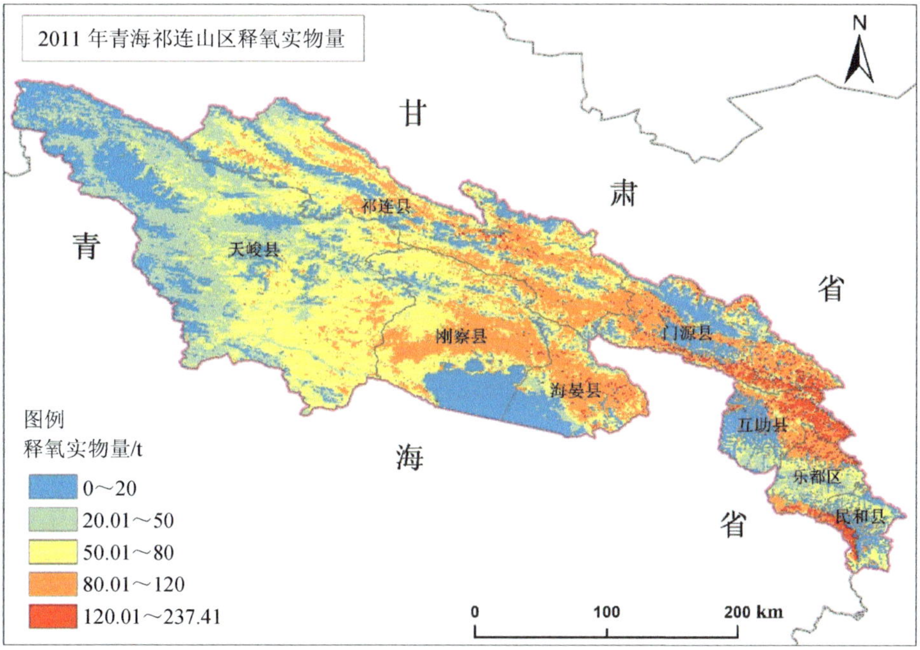
2011年青海祁连山区释氧实物量
N
甘
肃
省
青
海
省
祁连县
天峻县
刚察县
海晏县
门源县
互助县
乐都区
民和县
图例
释氧实物量/t
0～20
20.01～50
50.01～80
80.01～120
120.01～237.41
0
100
200 km

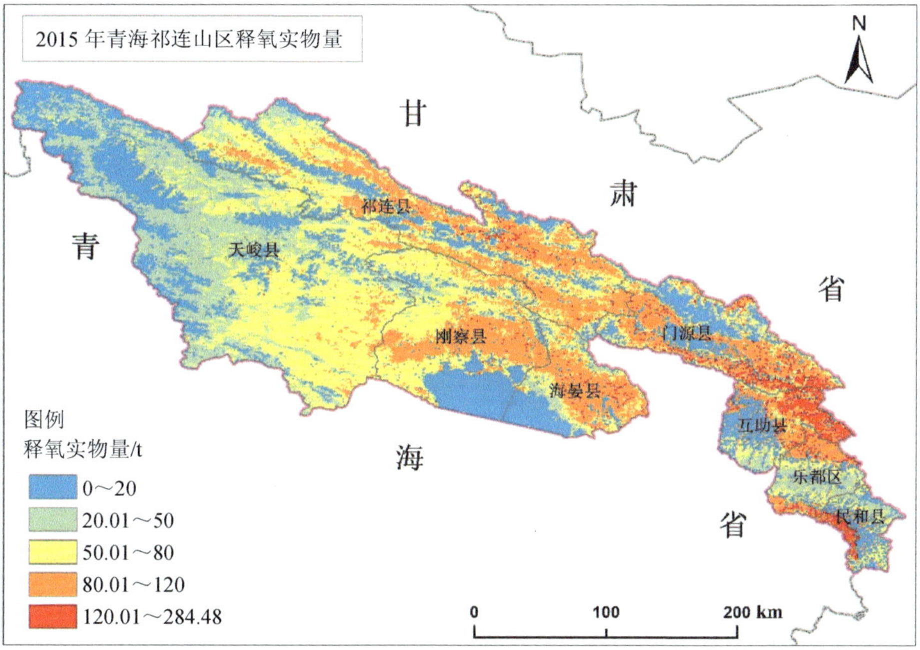
2015年青海祁连山区释氧实物量
N
甘
肃
省
青
海
省
祁连县
天峻县
刚察县
海晏县
门源县
互助县
乐都区
民和县
图例
释氧实物量/t
0～20
20.01～50
50.01～80
80.01～120
120.01～284.48
0
100
200 km

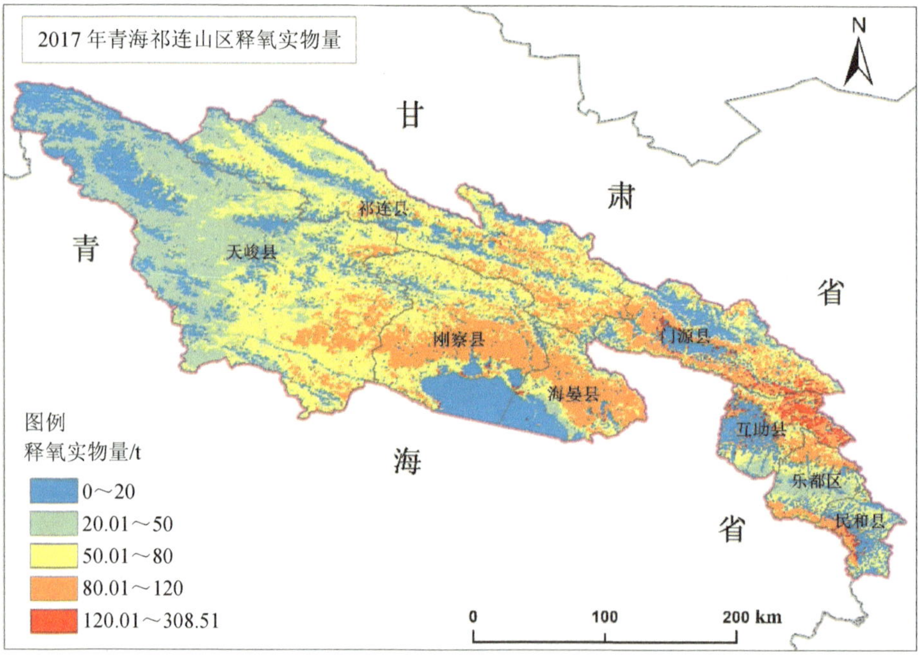

图 4-15 青海省祁连山区释氧实物量空间分布

2）价值量核算

释氧调节的价值量是基于市场上的制氧价格进行核算的，青海省祁连山区各县（区）以及各生态系统的释氧价值量见表 4-7。青海省祁连山区 2011 年、2015 年和 2017 年总的释氧价值量分别为 40.84 亿元、44.24 亿元和 43.76 亿元。天峻县和祁连县的释氧价值量也明显高于其他县（区）。草地生态系统是释氧价值量最高的生态系统类型（图 4-16），3 年占总释氧价值量的比例分别为 78.46%、76.15% 和 77.61%。不同时期价值量的空间差异性也由制氧价格导致，从空间分布图（图 4-17）可以看出，2015 年释氧价值量高、中值区域范围比 2011 年和 2017 年增大，尤其祁连县中部和东部最明显。

表 4-7　青海省祁连山区各县（区）释氧价值量统计　单位：亿元

县（区）名	2011 年	2015 年	2017 年
天峻县	11.74	12.33	13.23
祁连县	9.48	10.69	9.31
刚察县	6.52	6.86	7.20
门源县	4.75	5.19	4.86
海晏县	3.07	3.41	3.42
互助县	2.43	2.77	3.00
乐都区	1.84	1.90	1.74
民和县	1.01	1.09	1.00
总计	40.84	44.24	43.76

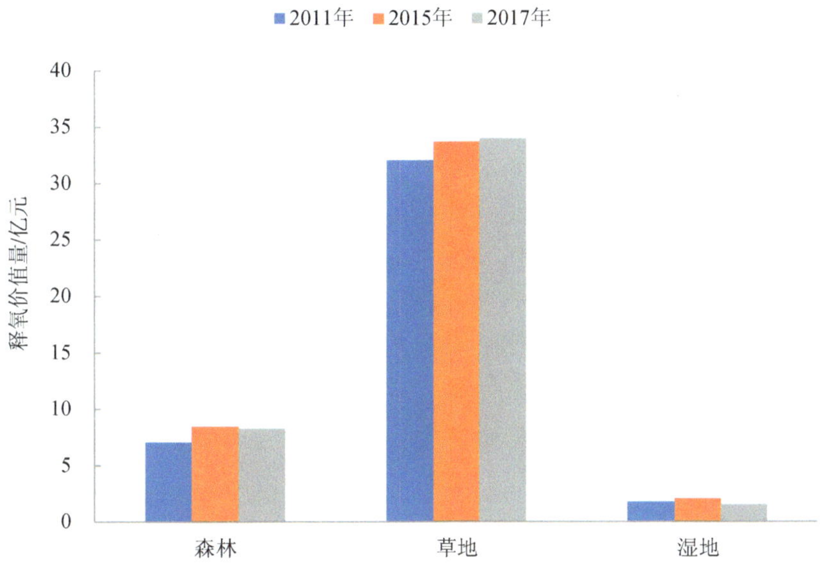

图 4-16　青海省祁连山区各生态系统释氧价值量

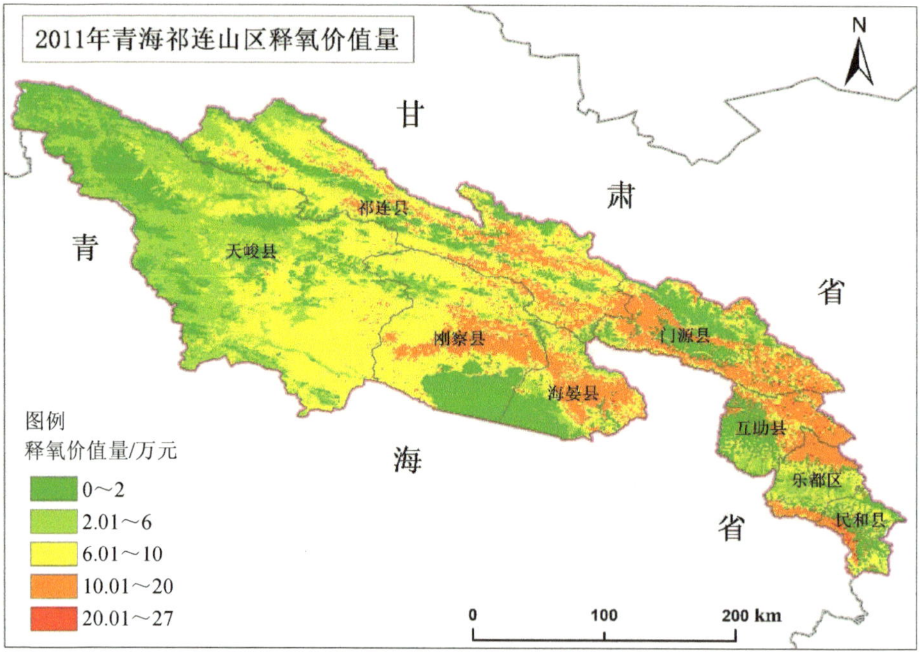
2011年青海祁连山区释氧价值量
N
甘
肃
省
青
海
省
祁连县
天峻县
刚察县
门源县
海晏县
互助县
乐都区
民和县
图例
释氧价值量/万元
0～2
2.01～6
6.01～10
10.01～20
20.01～27
0
100
200 km

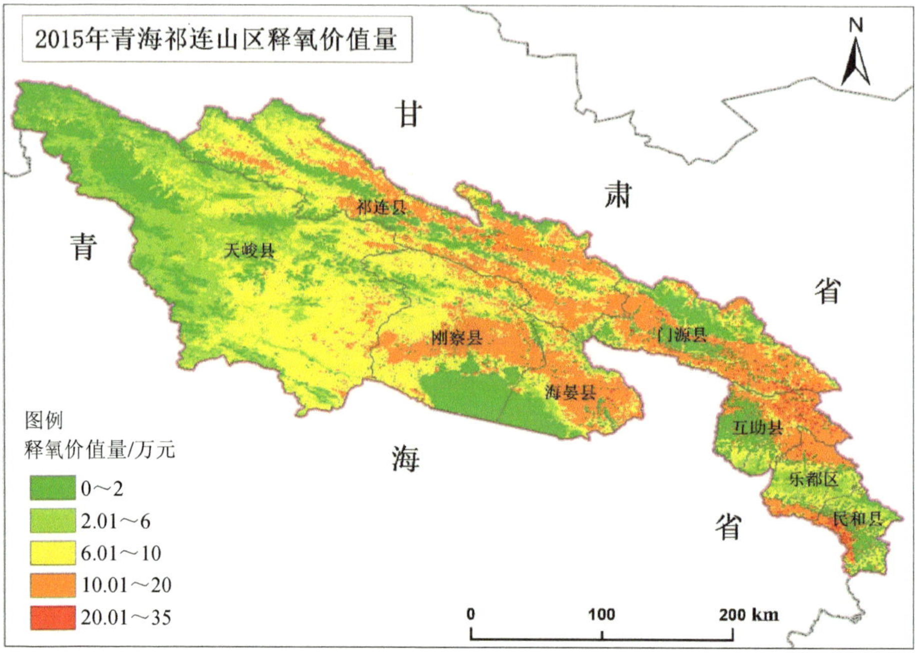
2015年青海祁连山区释氧价值量
N
甘
肃
省
青
海
省
祁连县
天峻县
刚察县
门源县
海晏县
互助县
乐都区
民和县
图例
释氧价值量/万元
0～2
2.01～6
6.01～10
10.01～20
20.01～35
0
100
200 km

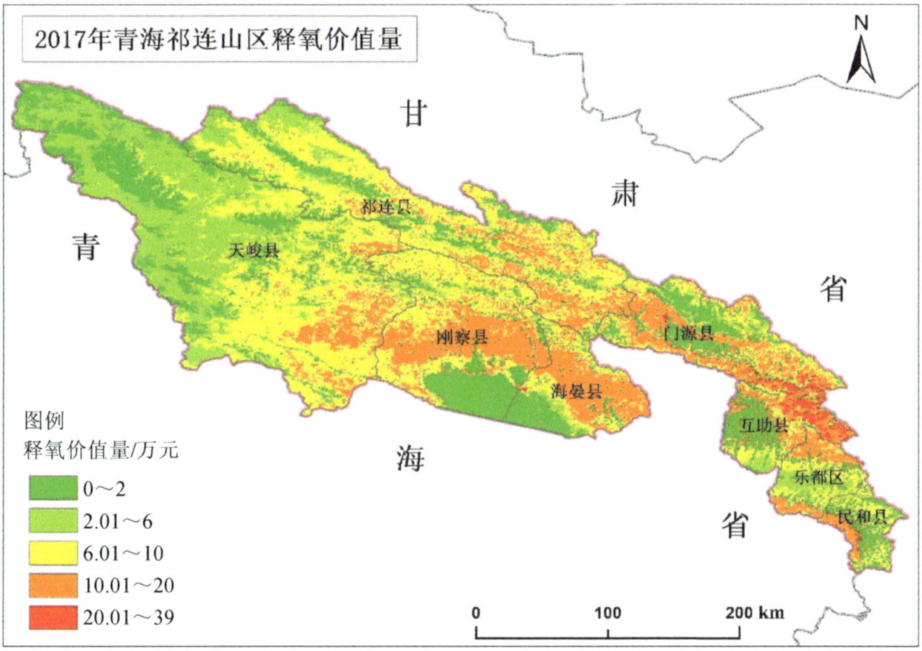

图 4-17　青海省祁连山区释氧价值量空间分布

（3）微气候调节服务

1）实物量核算

青海省祁连山区属于高原大陆性气候，处于我国干旱和半干旱地区，年蒸发量明显高于降水量。微气候调节服务核算主要基于区域的蒸发量进行核算，同时结合生态系统类型获取最终的实物量，该服务功能仅对森林、草地和湿地（不包括湖泊等纯水面）进行核算，核算结果如表 4-8 和图 4-18 所示。

表 4-8　青海省祁连山区各生态系统微气候调节实物量　　单位：亿 kW·h

生态系统名称	2011 年	2015 年	2017 年
森林	188.39	199.50	199.36
草地	362.24	359.92	359.62
湿地	8 131.41	7 825.78	8 131.32
总计	8 682.04	8 385.20	8 690.30

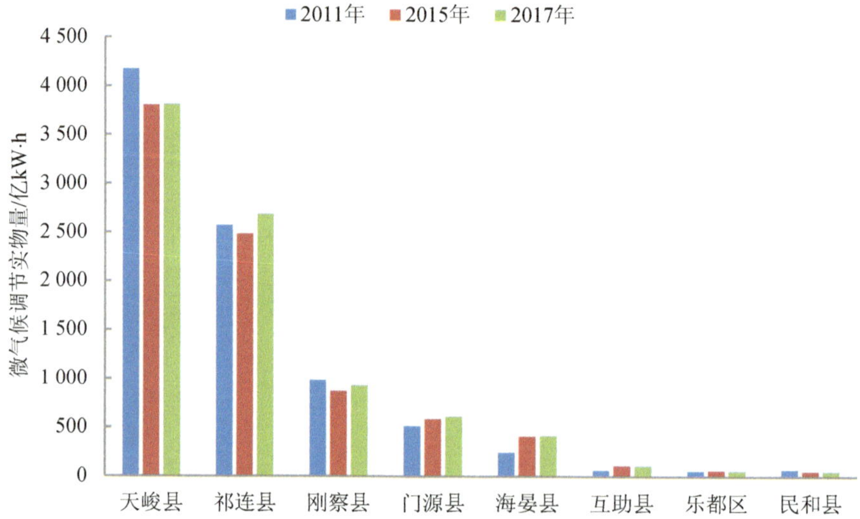

图 4-18 青海省祁连山区各县（区）微气候调节实物量

青海省祁连山区 2011 年、2015 年和 2017 年的微气候调节实物量分别为 8 682.04 亿 kW·h、8 385.20 亿 kW·h 和 8 690.30 亿 kW·h，呈现出大幅减小后稍有增加的趋势。由于湿地生态系统相比森林和草地生态系统更易发生蒸腾蒸发作用，故其实物量占微气候调节的比重较大，均超过 93%，草地和森林的微气候调节能力较湿地差别明显。从各行政区微气候调节实物量的统计图可以看出，由于区域内的冰川和沼泽等湿地类型主要分布在天峻县和祁连县，从而导致这两个县的微气候调节实物量处于前列。2011—2015 年祁连山地区的蒸发量减小明显，平均值从 402 mm 降低到 365.22 mm，这也导致微气候调节的实物量出现落差。而 2015—2017 年的蒸发量逐渐回升，导致微气候调节实物量增加。

2）价值量核算

微气候调节的价值量基于当地该年的电价进行核算，通过查询青海省地区的上网电价，通过适当调整确定用于价值量核算的电价，祁连山区 2011 年、2015 年和 2017 年所用电价分别为 0.30 元/kW·h、0.32 元/kW·h 和 0.35 元/kW·h。将实物量与电价进行相乘即可获取相应年份的价值量。经公式计算后，祁连山区的微气候调节价值量统计结果如表 4-9 和图 4-19 所示。

表 4-9 青海省祁连山区各县（区）微气候调节价值量统计 单位：亿元

县（区）名	2011 年	2015 年	2017 年
天峻县	1 251.78	1 218.05	1 335.86
祁连县	772.60	795.47	941.76
刚察县	295.60	279.67	326.63
门源县	154.09	186.75	214.36
海晏县	73.25	130.63	145.02
互助县	19.32	36.02	38.54
乐都区	16.98	19.90	20.53
民和县	21.00	16.77	18.90
总计	2 604.62	2 683.26	3 041.60

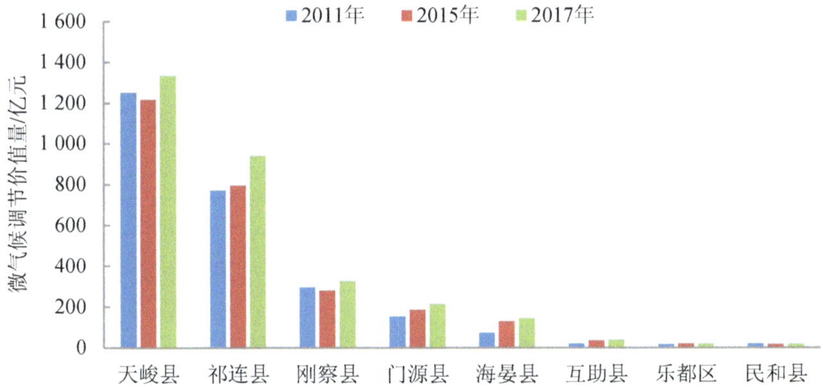

图 4-19 青海省祁连山区各县（区）微气候调节价值量

2011—2017 年青海省祁连山区微气候调节价值总量分别为 2 604.62 亿元、2 683.26 亿元和 3 041.60 亿元。微气候调节价值量的年际变化与实物量变化趋势略有差异，虽然 2011—2015 年的实物量减小，但两年间的电价上升，使价值量的差异得以弥补，2011—2015 年的价值量呈现增加的趋势，由于实物量的增加以及电价的上升，致使 2015—2017 年增加了 358.34 亿元。天峻县和祁连县的微气候价值量高于其他县（区），2015 年和 2017 年两县的价值总量在区域总价值量的占比超过 74%。从图 4-20 中的微气候空间分布状况可以清晰地看出各县（区）微气候调节价值量空间分布和变化特点，即湿地区域的气候调节价值量均呈现出高值，其次是森林区域。

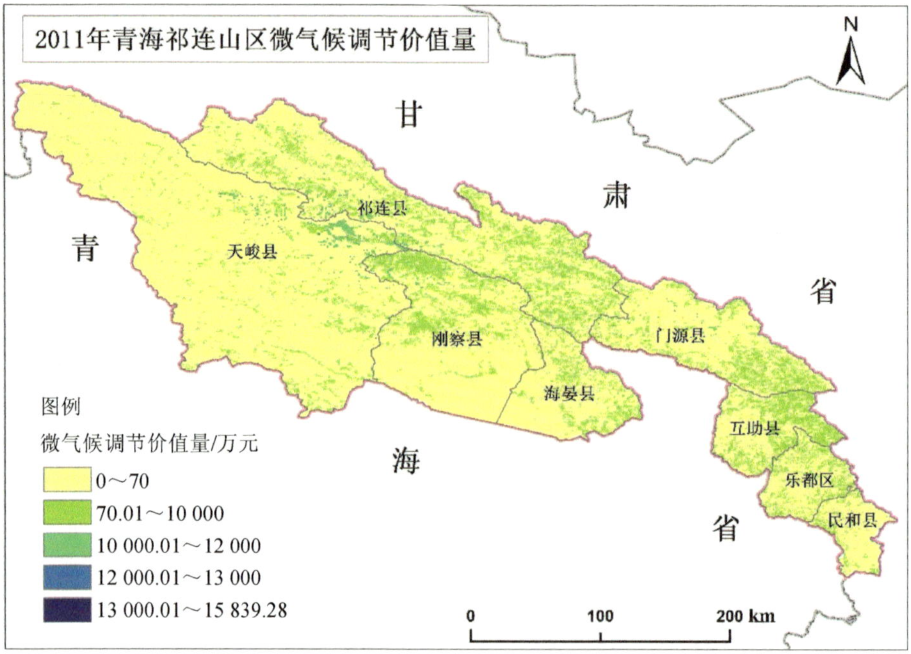
2011年青海祁连山区微气候调节价值量
N
甘
肃
省
青
海
省
祁连县
天峻县
刚察县
海晏县
门源县
互助县
乐都区
民和县
图例
微气候调节价值量/万元
0～70
70.01～10 000
10 000.01～12 000
12 000.01～13 000
13 000.01～15 839.28
0
100
200 km

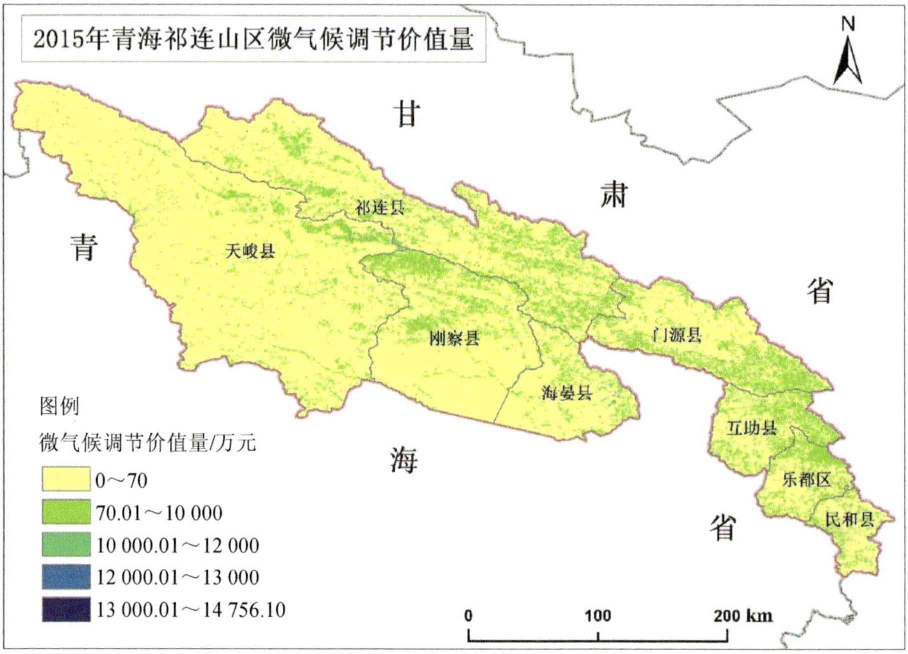
2015年青海祁连山区微气候调节价值量
N
甘
肃
省
青
海
省
祁连县
天峻县
刚察县
海晏县
门源县
互助县
乐都区
民和县
图例
微气候调节价值量/万元
0～70
70.01～10 000
10 000.01～12 000
12 000.01～13 000
13 000.01～14 756.10
0
100
200 km

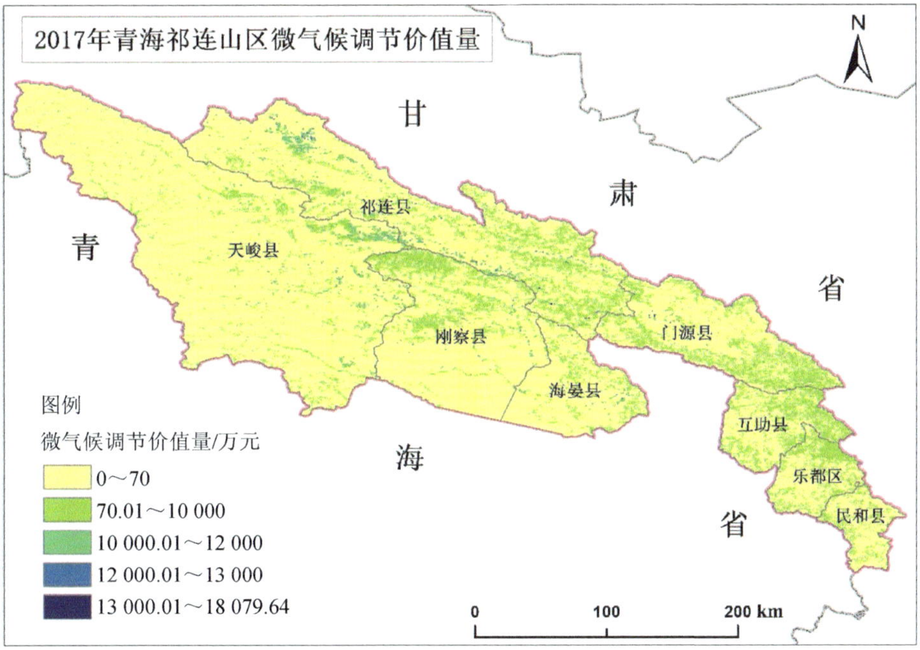

图 4-20 青海省祁连山区微气候调节价值量空间分布

4.3.2 环境质量调节服务功能核算

（1）水质净化

青海省祁连山区主要流经河流是黄河流域的黄河干流和湟水干流，地表水监测断面 2 个（大河家和民和桥），均位于民和县。祁连山区地表水水质不断提高，2011 年、2015 年和 2017 年大河家水质分别为 I 类、II 类和 II 类，民和桥水质分别为IV类、IV类、II 类，根据水环境功能区划，大河家水质标准为III类，民和桥为 V 类，2011 年、2015 年和 2017 年大河家和民和桥水质均已达标，所以祁连山水污染排放量均在水环境容量之内，则利用水污染物排放量作为水质净化服务的功能量指标。

2011 年祁连山区 COD 和 NH_3-N 排放量分别为 2.34 万 t 和 0.13 万 t，2015 年 COD 和 NH_3-N 排放量分别为 2.14 万 t 和 0.14 万 t，2017 年 COD 和 NH_3-N 排放量分别为 1.16 万 t 和 0.12 万 t，分别比 2010 年下降 50.6%和 7.5%，所以 2011

年、2015 年和 2017 年祁连山区水质净化价值分别为 5.02 亿元、4.73 亿元和 2.75 亿元。2011 年祁连山区 8 个县（区）中，互助县水质净化价值较高，为 1.58 亿元，刚察县水质净化价值较低，为 0.07 亿元。2017 年民和县和互助县水质净化价值较高，分别为 0.73 亿元和 0.71 亿元，祁连县和刚察县水质净化价值较低，均为 0.12 亿元（图 4-21）。

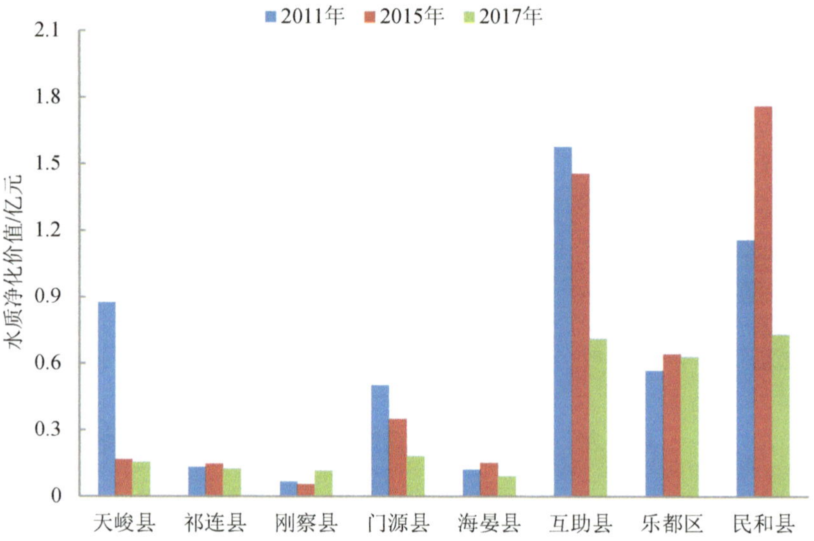

图 4-21　2011 年、2015 年和 2017 年祁连山区水质净化价值

（2）大气净化

2011—2017 年青海省大气环境监测能力不断提高，空气质量不断提高，监测站点由 2010 年的西宁市、格尔木市和大通县，覆盖到 2017 年青海省 8 个市、州，13 个县（区）。青海省祁连山区覆盖的 8 个县（区）从 2014 年开始大气监测环境质量，2014 年监测点位只有海东市的乐都区，2015 年增加了民和县，2016 年以来覆盖了祁连山区的 4 个县（区）（互助县、祁连县、乐都区、民和县）。2014—2017 年青海省祁连山区主要大气污染物浓度均有明显下降，SO_2 年均浓度下降 62.5%，可吸入颗粒物下降 32.3%，细颗粒物下降 30.5%，NO_2 下降 49%，2017 年祁连山区 SO_2、NO_2、可吸入颗粒物和细颗粒物年均浓度分别为 16.5 μg/m^3、40 μg/m^3、88.8 μg/m^3 和 38.3 μg/m^3，基本达到空气质量二级标准，因此，祁连山

区大气污染物排放总量在大气环境容量之内，利用大气污染物排放量作为大气净化服务的功能量指标。

2011 年祁连山区 SO_2、NO_x 和烟粉尘排放量分别为 2.88 万 t、1.96 万 t 和 4.71 万 t，2015 年 SO_2、NO_x 和烟粉尘排放量分别为 2.34 万 t、1.63 万 t 和 8.29 万 t，2017 年 SO_2、NO_x 和烟粉尘排放量分别为 2.02 万 t、0.92 万 t 和 5.23 万 t，SO_2、NO_x 比 2010 年分别下降 25.2%和 52.2%，烟粉尘上升 10.7%，由此计算的 2011 年、2015 年和 2017 年祁连山区大气净化价值分别为 1.07 亿元、0.96 亿元和 0.74 亿元。2011 年祁连山区 8 个县（区）中，海晏县大气净化价值较高，为 0.42 亿元，天峻县大气净化价值较低。2017 年民和县和乐都区大气净化价值较高，为 0.15 亿元，祁连县和刚察县大气净化价值较低，为 0.03 亿元（图 4-22）。

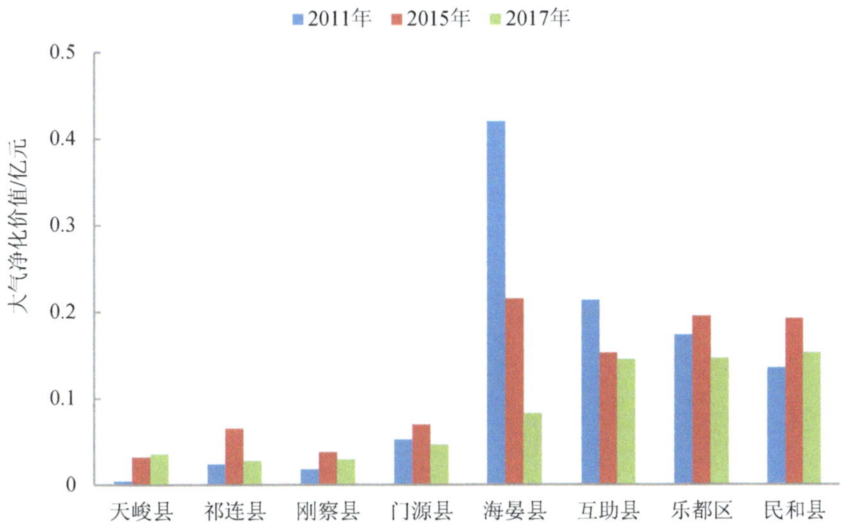

图 4-22　2011 年、2015 年和 2017 年祁连山区大气净化价值

4.3.3　水文调节服务功能核算

（1）分布式水循环模型构建

研究区包括天峻县、门源县、海晏县、祁连县、刚察县、互助县、民和县和乐都区 8 个县（区）。各县（区）分别处于河西走廊内陆河流域（石羊河、黑河和

疏勒河流域）、黄河流域和青海湖流域。因此，为计算研究区水源涵养能力，需要构建三大流域的分布式水循环模型。模型构建基础数据主要有地理信息数据（GIS），如高程（DEM）、河网水系、土地利用等；水文气象数据序列，包括站点日降水、最高最低气温、流量数据等，具体数据如表 4-10、图 4-23 和图 4-24 所示。

表 4-10　青海省水源涵养能力估算基础数据

数据	内容	特征描述
基础地理数据	DEM	90 m×90 m
	河网	1：25 万
	土地利用	2011 年、2015 年和 2017 年三期（30 m×30 m）
	行政边界	县市级行政边界
水文气象	气温	1960—2016 年 40 个站点日最高最低气温
	降水	1960—2016 年 40 个站点日降水
	流量	1960—2015 年 12 个水文站日或月实测径流

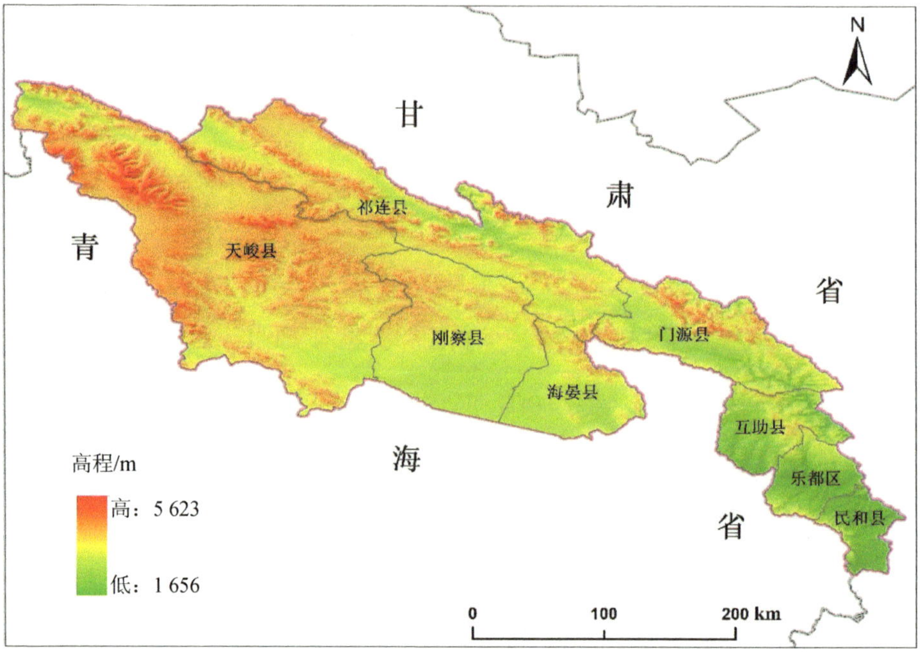

图 4-23　青海省祁连山区各县（区）区域和高程

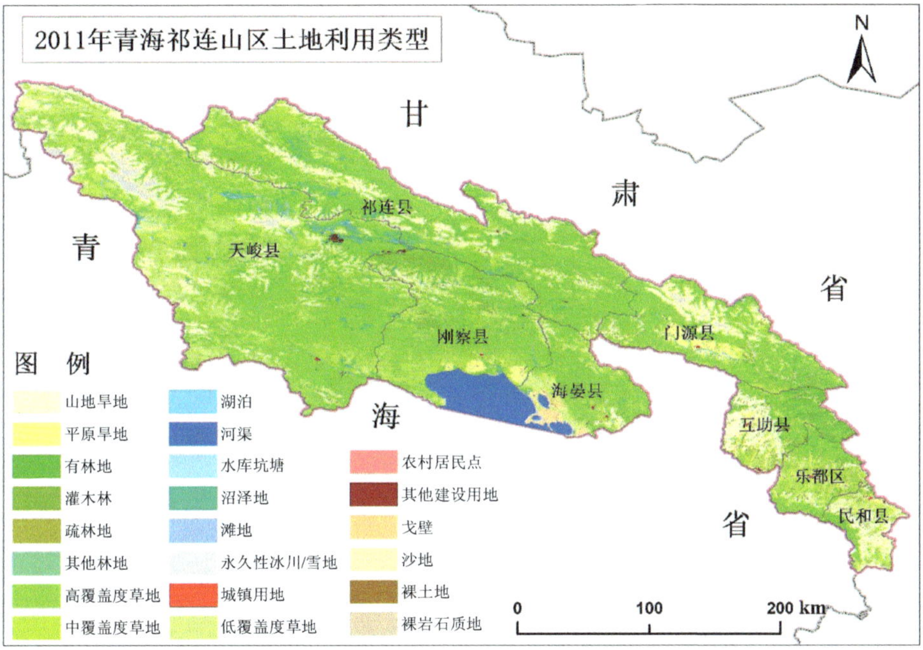
2011年青海祁连山区土地利用类型
N
甘
肃
省
青
海
省
祁连县
天峻县
刚察县
门源县
海晏县
互助县
乐都区
民和县
图 例
山地旱地
平原旱地
有林地
灌木林
疏林地
其他林地
高覆盖度草地
中覆盖度草地
湖泊
河渠
水库坑塘
沼泽地
滩地
永久性冰川/雪地
城镇用地
低覆盖度草地
农村居民点
其他建设用地
戈壁
沙地
裸土地
裸岩石质地
0
100
200 km

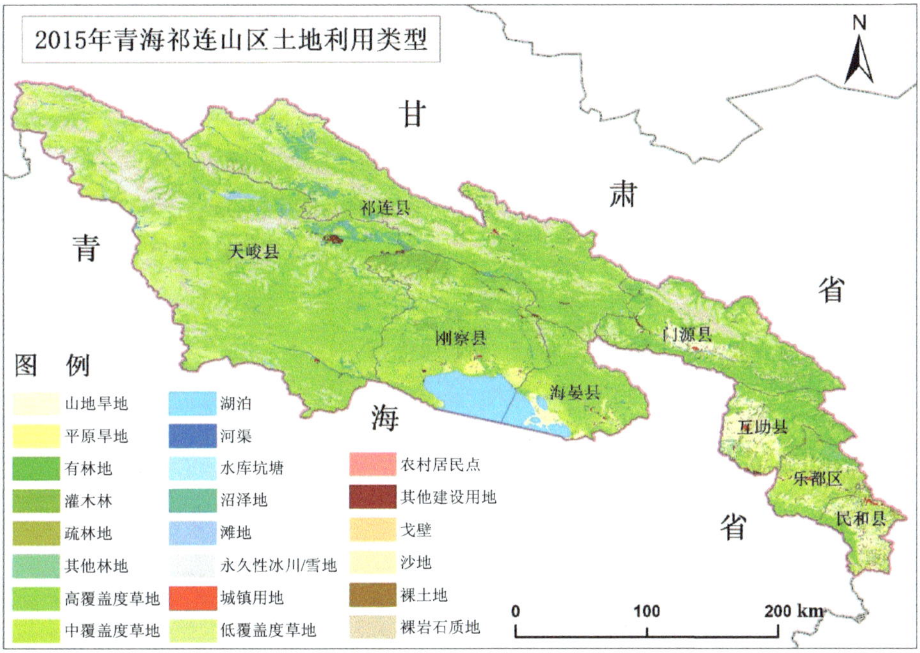
2015年青海祁连山区土地利用类型
N
甘
肃
省
青
海
省
祁连县
天峻县
刚察县
门源县
海晏县
互助县
乐都区
民和县
图 例
山地旱地
平原旱地
有林地
灌木林
疏林地
其他林地
高覆盖度草地
中覆盖度草地
湖泊
河渠
水库坑塘
沼泽地
滩地
永久性冰川/雪地
城镇用地
低覆盖度草地
农村居民点
其他建设用地
戈壁
沙地
裸土地
裸岩石质地
0
100
200 km

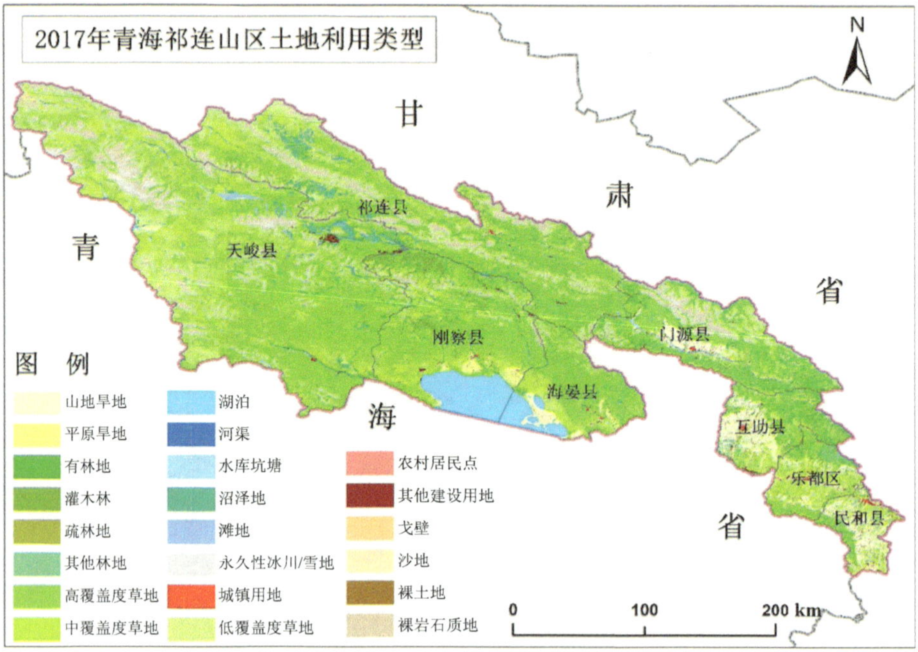

图 4-24 青海省祁连山区各县（区）土地利用类型

考虑青海省内河流分属于不同的流域，结合各县（区）行政区划、水文站点位置等，利用 DEM 划分不同流域的子流域，其中青海湖区有 116 个，黄河流域有 331 个，河西地区有 240 个，子流域面积在 213～51 469 km^2。其中属于祁连县（区）内的子流域如图 4-25 所示，在此基础上对土地利用分类进行重分类，共分为农田、林地、草地、城镇用地、水域、冰川积雪和未利用地 7 类，分别考虑农田、林草地和冰川积雪的水源涵养能力及其价值量的估算。

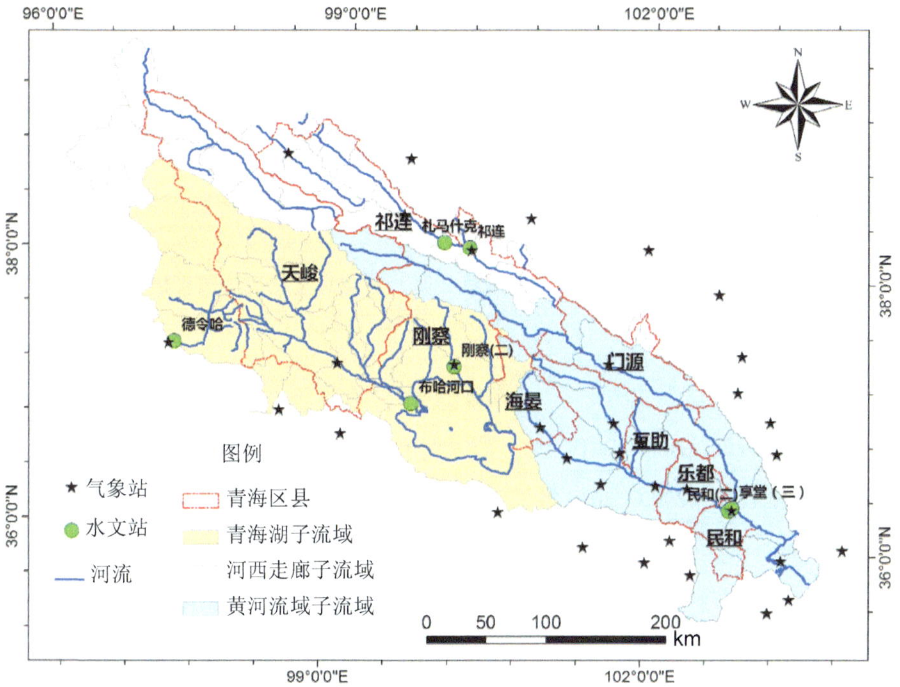

图 4-25　青海省祁连山区各县（区）子流域划分

模型率定和验证

青海省流域分布式水循环模型对布哈河口、刚察、德令哈、昌马堡、祁连、扎马什克、九条岭、西大河、峡门台、杂木寺、民和、亨堂 12 个水文站的日或月径流过程进行了率定和验证（表 4-11、图 4-26～图 4-36），从模拟结果来看，青海湖率定期水量平衡系数在−0.10～0.09，相关系数和效率系数除德令哈站略低以外，其他站点分别大于 0.90 和 0.85，模拟效果非常好；在验证期内水量平衡系数在 0.13～0.28，相关系数大于 0.66，效率系数大于 0.38；除德令哈站外，其他站点的模拟效果都是好。河西地区率定期的水量平衡系数在 0.05～0.10，相关系数和效率系数除西大河站略低以外，其他站分别大于 0.75 和 0.47，模拟效果均令人满意，特别是扎马什克站模拟效果非常好；在验证期内水量平衡系数在 0.20～0.52，效率系数有一定提高，而相关系数和效率系数也是除西大河站外，其他站点分别大于 0.73 和 0.40；考虑到河西走廊三大流域均属于干旱和半干旱内陆河流域，水文过程复杂，模型整体效果令人满意。黄河流域的两个水文站点在率定期的水量平衡系数分别是0.05和−0.11，相关系数分别是0.81和0.84，效率系数分别为0.64和0.69；而验证期除民和站的效率系数有减小外，其他值变化不大。总体上率定期和验证期的结果令人满意，各个站点的模拟结果较为理想。因此，构建的分布式流域水循环模型可以为青海县（区）水文调节服务功能与价值核算提供支持。

表4-11 青海省祁连山区各县（区）重点水文站径流过程模拟效果

流域	站点	率定期				验证期			
		时间	*rVol*	*r*	NSCE	时间	*rVol*	*r*	NSCE
青海湖	布哈河口	2000—2010年	−0.10	0.96	0.90	2011—2017年	0.28	0.95	0.81
	刚察	2000—2010年	0.02	0.93	0.87	2011—2017年	0.13	0.84	0.70
	德令哈	1970—2000年	0.09	0.65	0.39	2001—2016年	0.15	0.66	0.38
河西	昌马堡	1960—1987年	0.10	0.79	0.61	2006—2010年	0.52	0.81	0.38
	祁连	1966—1987年	0.08	0.83	0.69	2006—2010年	0.49	0.86	0.40
	扎马什克	1960—1987年	0.05	0.87	0.75	2006—2010年	0.42	0.88	0.62
	九条岭	1972—1987年	0.19	0.77	0.56	2006—2010年	0.28	0.73	0.45
	西大河	2006—2010年	0.15	0.50	0.22	1985—1987年	0.20	0.34	0.17
	峡门台	2006—2010年	0.04	0.80	0.63	—	—	—	—
	杂木寺	1970—1987年	0.08	0.69	0.47	2005—2010年	0.50	0.80	0.40
黄河	民和	1970—1989年	0.05	0.81	0.64	2008—2010年	0.28	0.74	0.03
	亨堂	1960—1989年	−0.11	0.84	0.69	2008—2010年	0.06	0.82	0.63

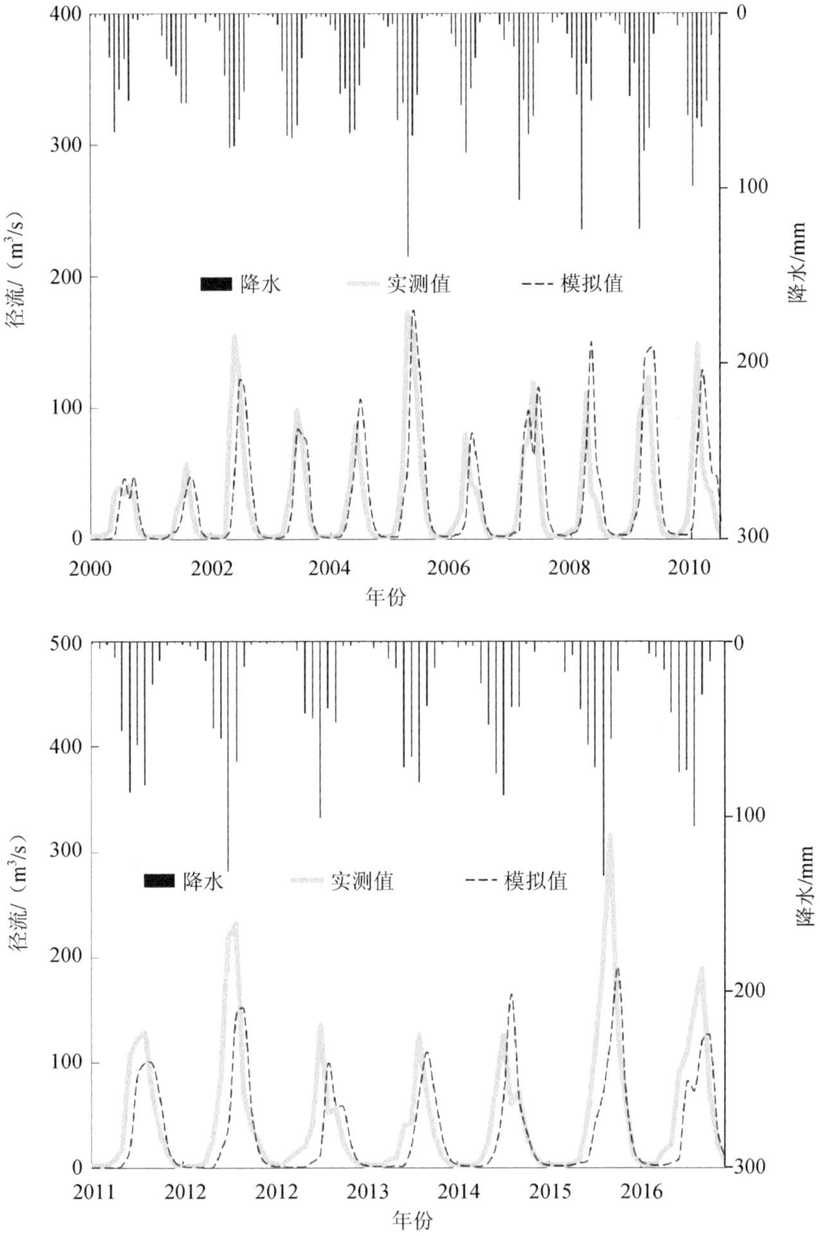

图 4-26 布哈河口水文站率定期（上）和验证期（下）月径流过程模拟结果

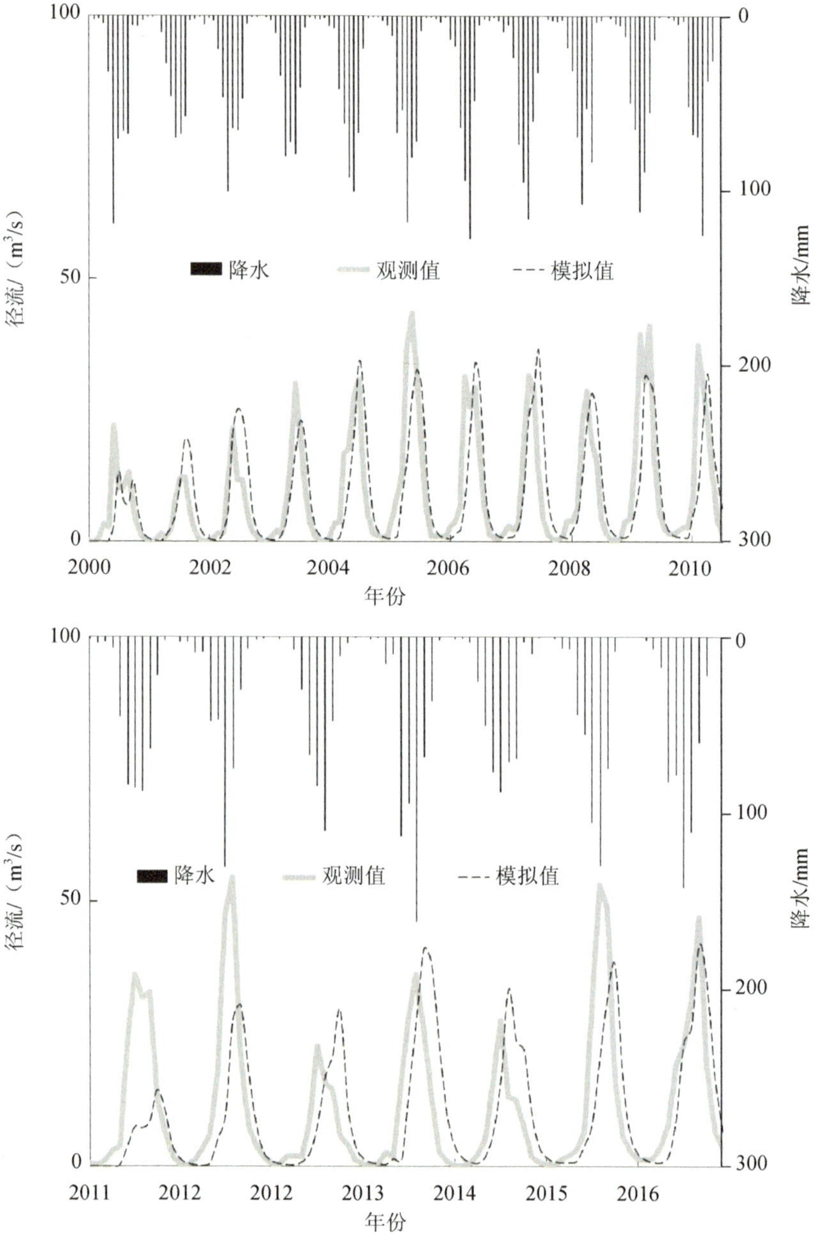

图 4-27 刚察水文站率定期（上）和验证期（下）月径流过程模拟结果

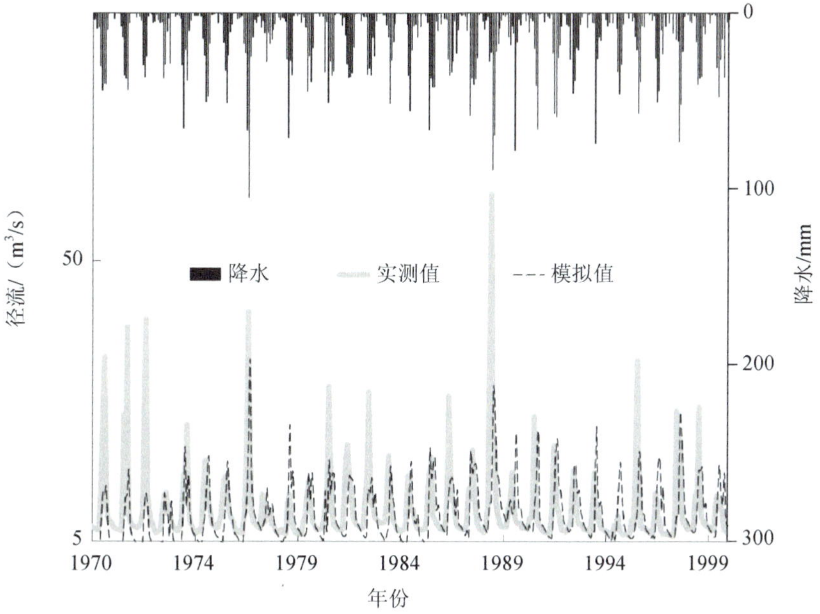
径流/（m³/s）
降水/mm
降水
实测值
模拟值
50
5
0
100
200
300
1970
1974
1979
1984
1989
1994
1999
年份

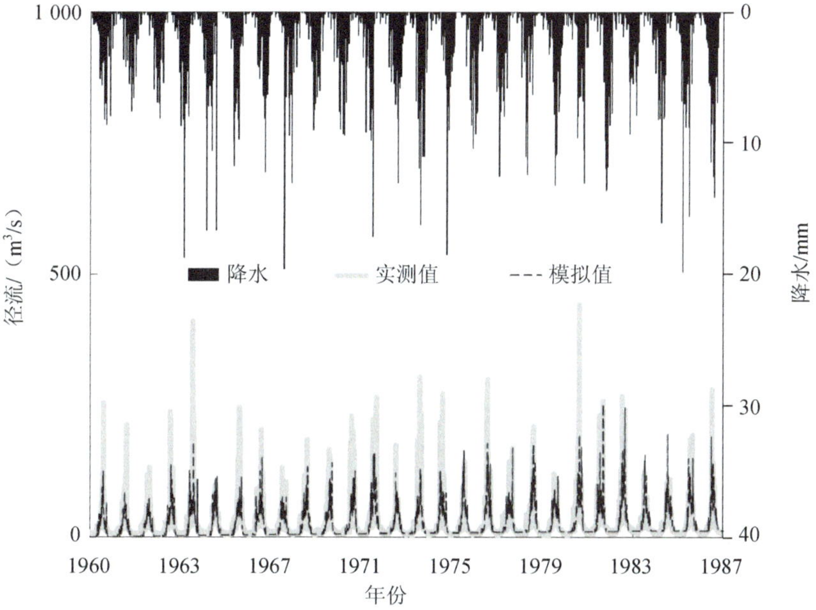
径流/（m³/s）
降水/mm
降水
实测值
模拟值
1 000
500
0
10
20
30
40
1960
1963
1967
1971
1975
1979
1983
1987
年份

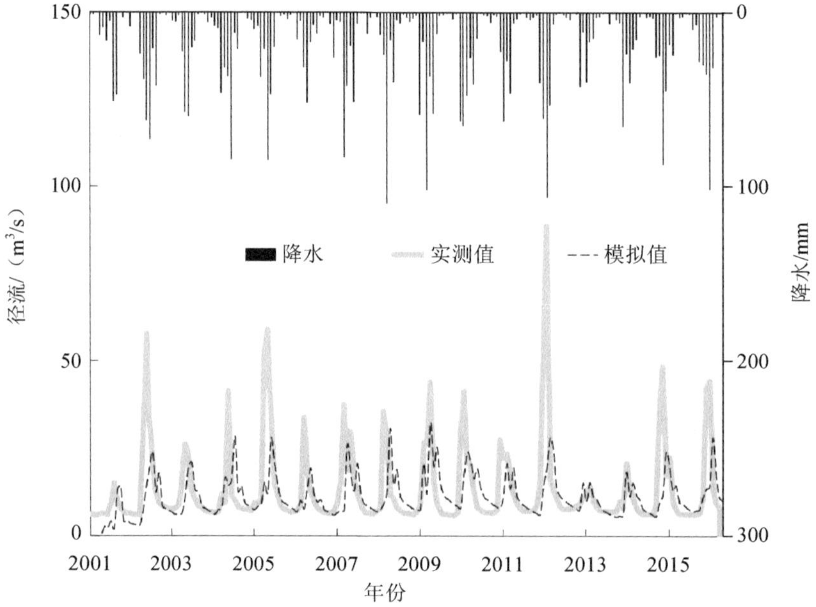

图 4-28　德令哈文站率定期（上）和验证期（下）月径流过程模拟结果

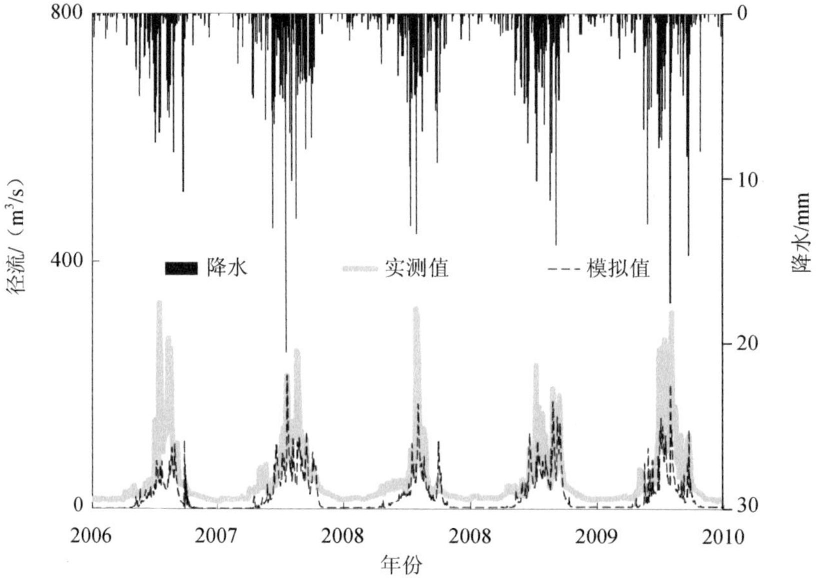

图 4-29　昌马堡文站率定期（上）和验证期（下）日径流过程模拟结果

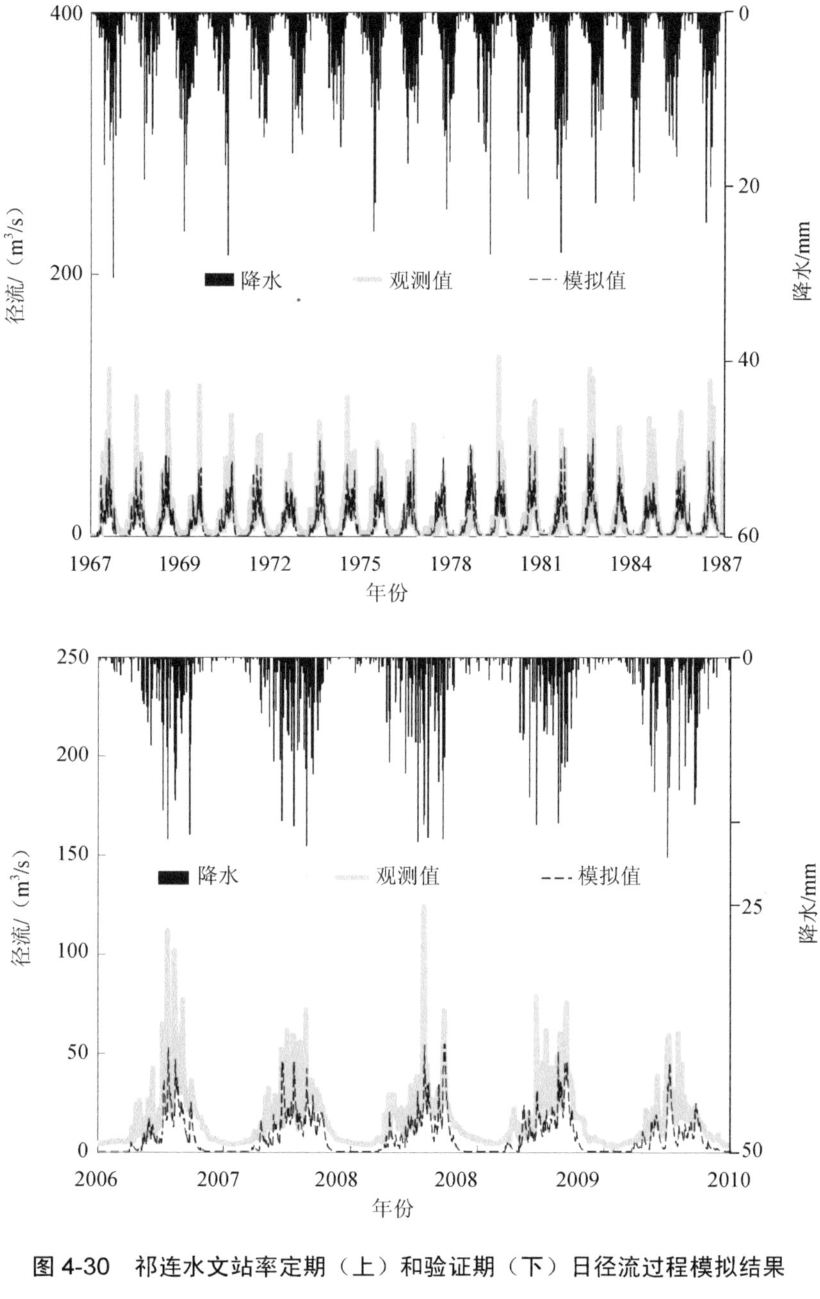

图 4-30　祁连水文站率定期（上）和验证期（下）日径流过程模拟结果

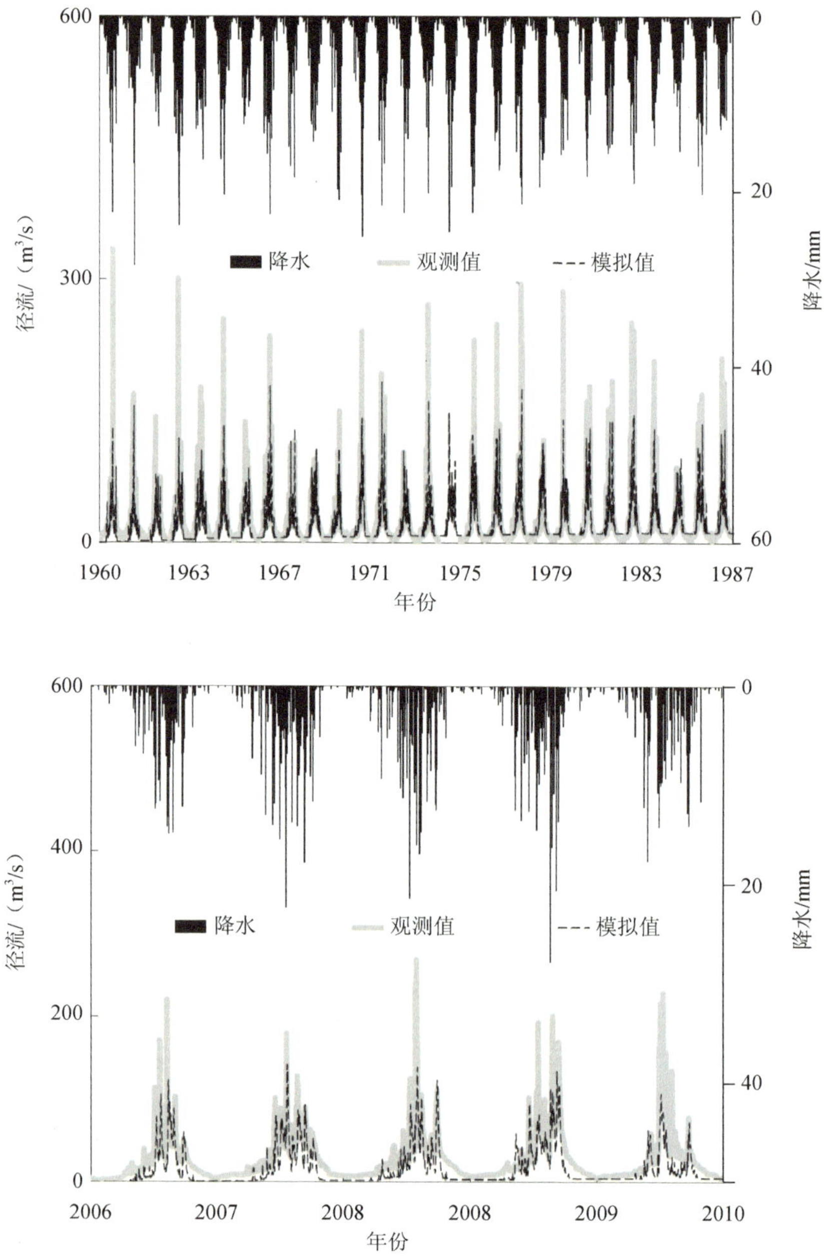

图 4-31　扎马什克水文站率定期（上）和验证期（下）日径流过程模拟结果

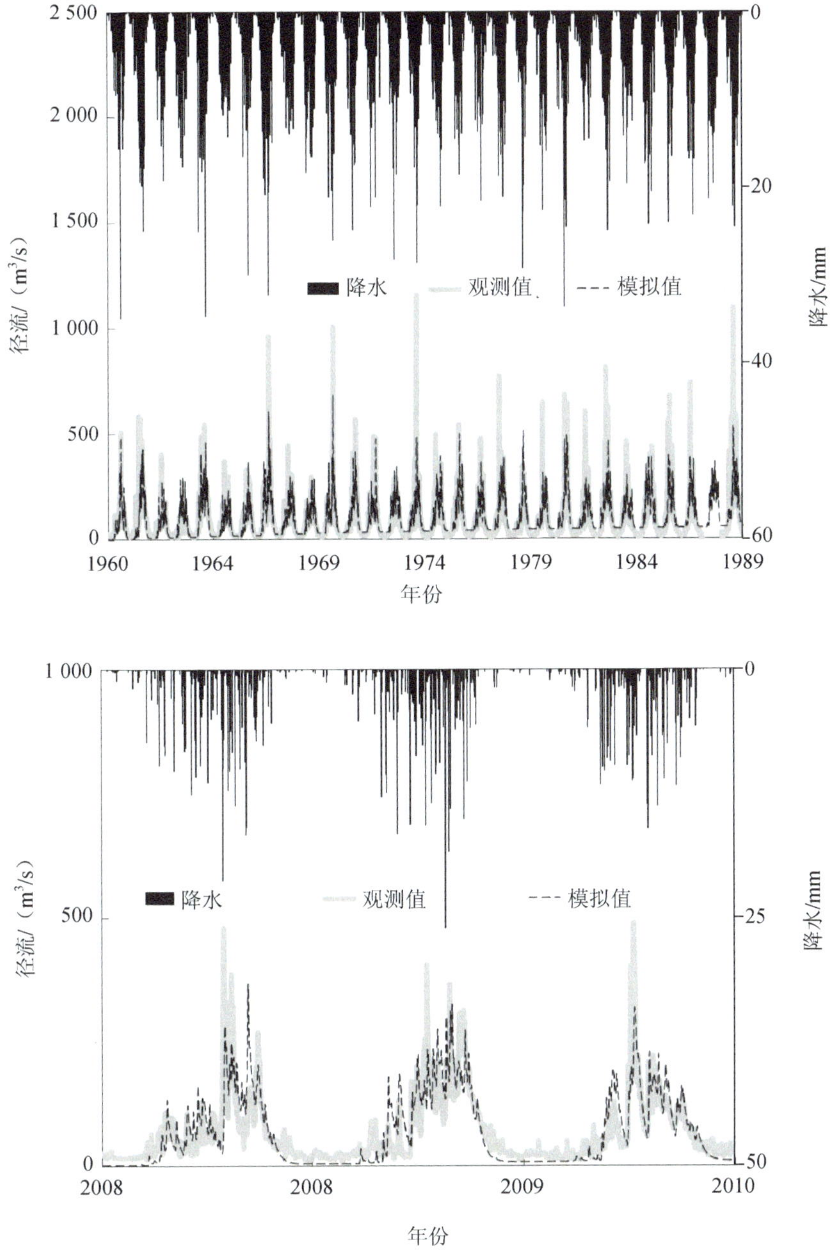

图 4-32　亨堂水文站率定期（上）和验证期（下）日径流过程模拟结果

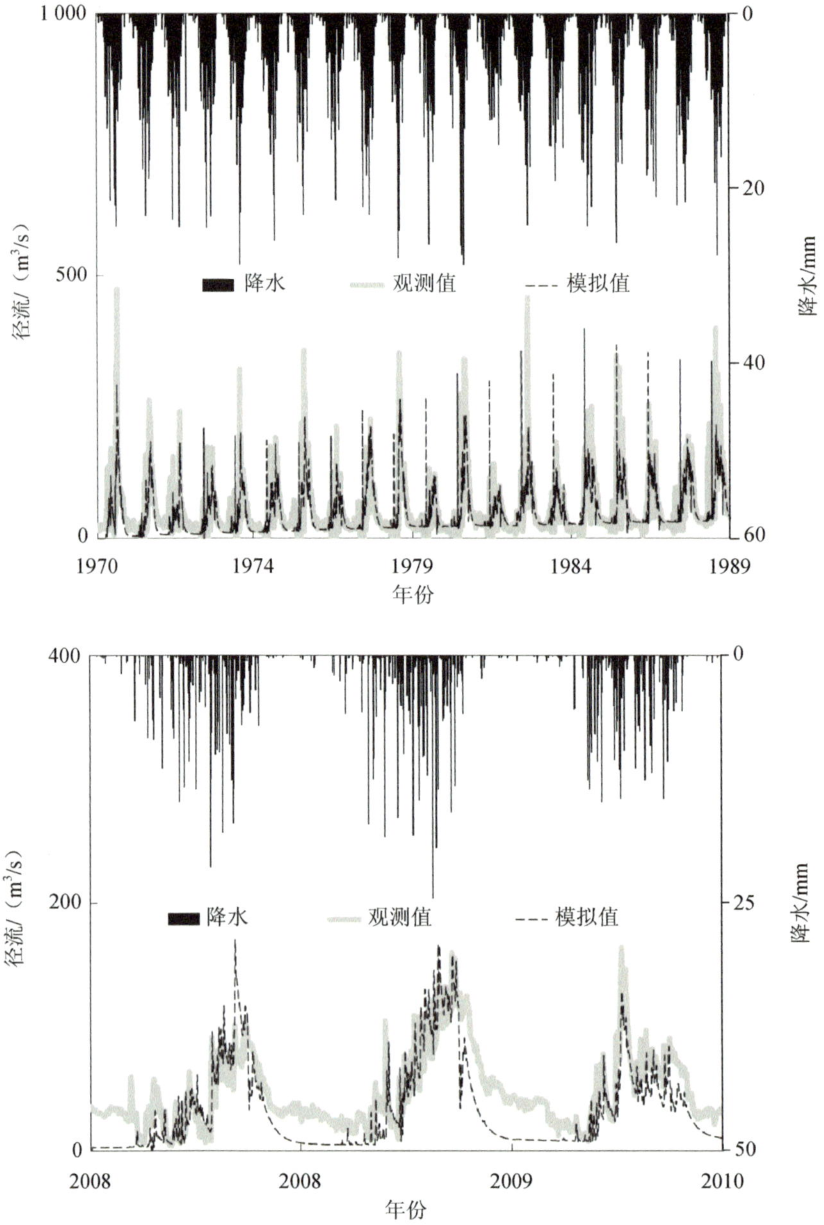

图 4-33　民和水文站率定期（上）和验证期（下）日径流过程模拟结果

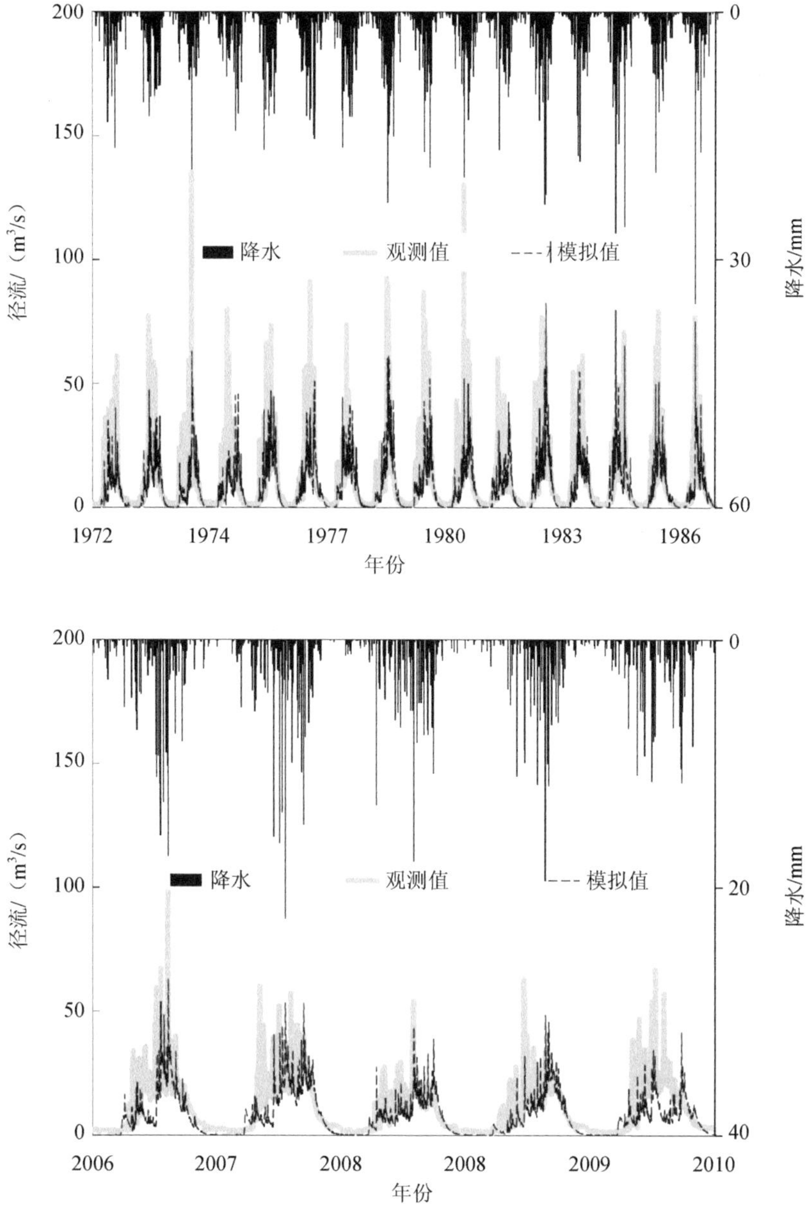

图 4-34　九条岭水文站率定期（上）和验证期（下）日径流过程模拟结果

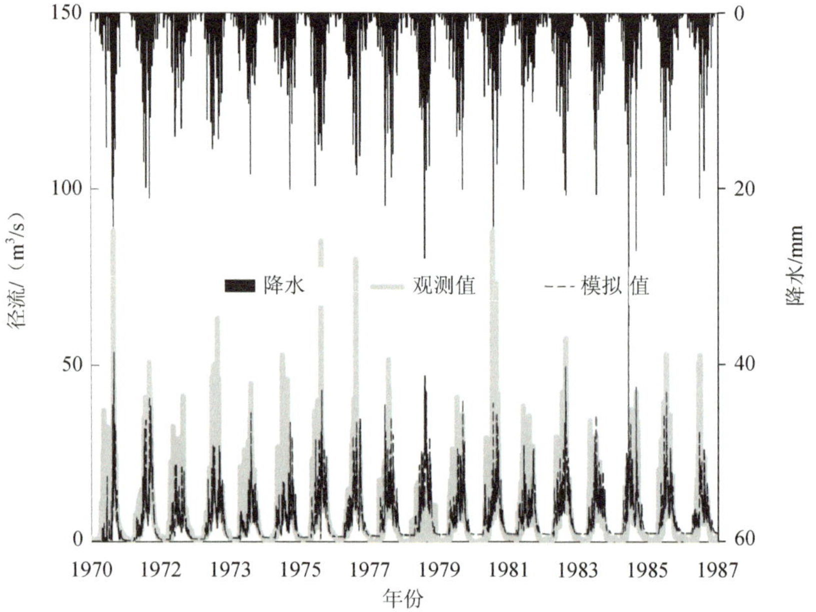

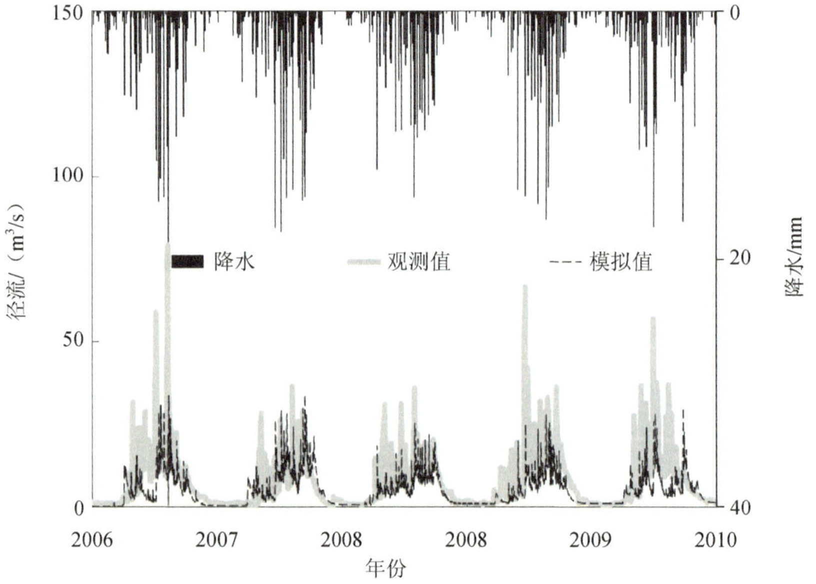

图 4-35　杂木寺水文站率定期（上）和验证期（下）日径流过程模拟结果

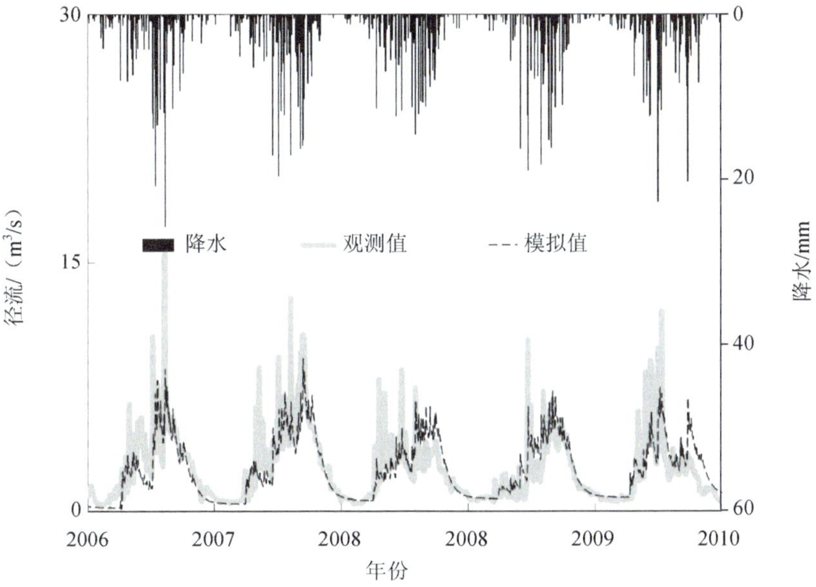

图 4-36　峡门台水文站率定日径流过程模拟结果

（2）生态系统水源涵养能力价值核算

1）农田生态系统水源涵养能力价值量

如表 4-12 和图 4-37 所示，青海省祁连山区 8 个县（区）2011 年土地利用中农田水源涵养实物量，多年平均径流深均有所增加，增幅为 0.01～8.87 mm，对应的多年平均水源涵量在 0～0.29 亿 m^3，其中最小和最大涵养量分别在天峻县和互助县；对应的价值量在 0.02 亿～1.85 亿元。2015 年土地利用中农田转成未利用地时，多年平均径流深增幅为 0.02～8.74 mm，对应的多年平均水源涵养量在 0～0.29 亿 m^3，其中最小和最大涵养量仍分别在天峻县和互助县；对应的价值量在 0.03 亿～2.11 亿元。2017 年土地利用中农田转成未利用地时，多年平均径流深增幅为 0.01～6.98 mm，对应的多年平均水源涵养量在 0～0.23 亿 m^3，最小和最大涵养量分别出现在天峻县和互助县；对应的价值量在 0.02 亿～1.99 亿元。从空间分布来看，从西北到东南农田生态系统水源涵养价值量呈现先增加后减少的趋势，互助县和门源县的价值量较高。

表 4-12　2011 年、2015 年和 2017 年农田生态系统水源涵养实物量与价值量

年份	县（区）名	现状径流深/mm	转移径流深/mm	调节径流深/mm	现状产水量/亿 m^3	转移产水量/亿 m^3	调节水量/亿 m^3	价值量/亿元
2011	刚察县	202.27	203.33	1.06	19.50	19.60	0.10	0.64
	海晏县	165.08	166.31	1.23	7.33	7.39	0.05	0.34
	互助县	84.65	93.43	8.78	2.84	3.13	0.29	1.85
	乐都区	32.48	36.46	3.99	0.81	0.91	0.10	0.62
	门源县	186.33	190.40	4.07	11.90	12.16	0.26	1.63
	民和县	22.19	25.31	3.13	0.42	0.48	0.06	0.37
	祁连县	139.03	139.21	0.18	19.34	19.37	0.03	0.16
	天峻县	135.32	135.33	0.01	34.64	34.65	0.00	0.02
2015	刚察县	202.58	203.62	1.04	19.53	19.63	0.10	0.72
	海晏县	165.67	166.93	1.26	7.36	7.42	0.06	0.40
	互助县	85.39	94.13	8.74	2.86	3.16	0.29	2.11
	乐都区	44.71	48.40	3.70	1.11	1.20	0.09	0.66
	门源县	209.36	213.41	4.05	13.37	13.63	0.26	1.86
	民和县	27.12	30.06	2.94	0.52	0.57	0.06	0.40
	祁连县	139.59	139.73	0.13	19.42	19.44	0.02	0.14
	天峻县	153.13	153.14	0.02	39.20	39.21	0.00	0.03
2017	刚察县	196.92	197.39	0.48	18.98	19.03	0.05	0.39
	海晏县	164.23	165.12	0.89	7.30	7.34	0.04	0.34
	互助县	85.65	92.62	6.98	2.87	3.11	0.23	1.99
	乐都区	32.77	36.75	3.98	0.81	0.91	0.10	0.84
	门源县	200.12	203.25	3.13	12.78	12.98	0.20	1.70
	民和县	22.40	25.43	3.03	0.43	0.48	0.06	0.49
	祁连县	137.46	137.61	0.15	19.12	19.14	0.02	0.18
	天峻县	124.58	124.58	0.01	31.89	31.90	0.00	0.02

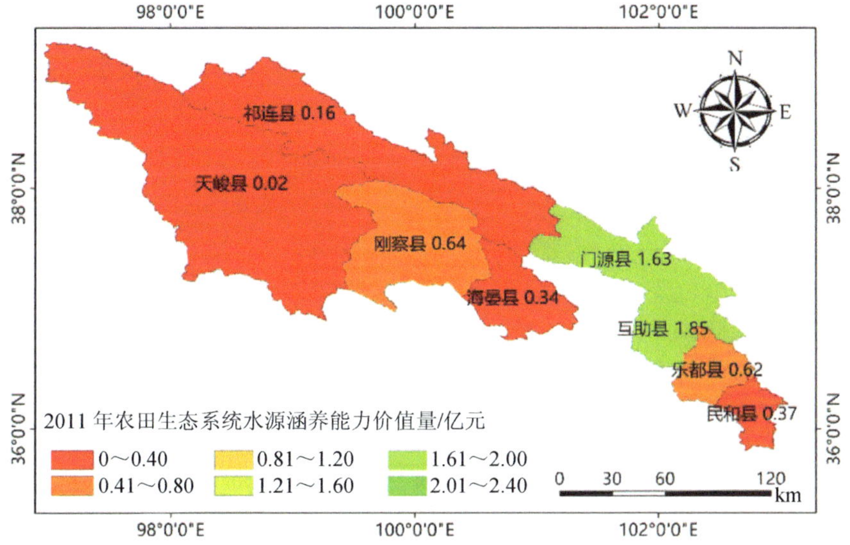
98°0'0"E
100°0'0"E
102°0'0"E
38°0'0"N
36°0'0"N
N
W
E
S
祁连县 0.16
天峻县 0.02
刚察县 0.64
海晏县 0.34
门源县 1.63
互助县 1.85
乐都县 0.62
民和县 0.37
2011 年农田生态系统水源涵养能力价值量/亿元
0～0.40
0.41～0.80
0.81～1.20
1.21～1.60
1.61～2.00
2.01～2.40
0 30 60 120
km

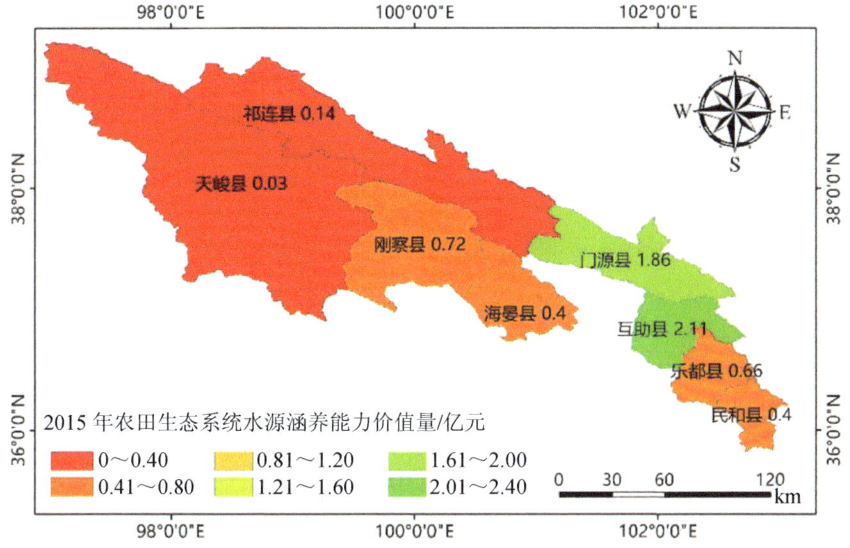
98°0'0"E
100°0'0"E
102°0'0"E
38°0'0"N
36°0'0"N
N
W
E
S
祁连县 0.14
天峻县 0.03
刚察县 0.72
海晏县 0.4
门源县 1.86
互助县 2.11
乐都县 0.66
民和县 0.4
2015 年农田生态系统水源涵养能力价值量/亿元
0～0.40
0.41～0.80
0.81～1.20
1.21～1.60
1.61～2.00
2.01～2.40
0 30 60 120
km

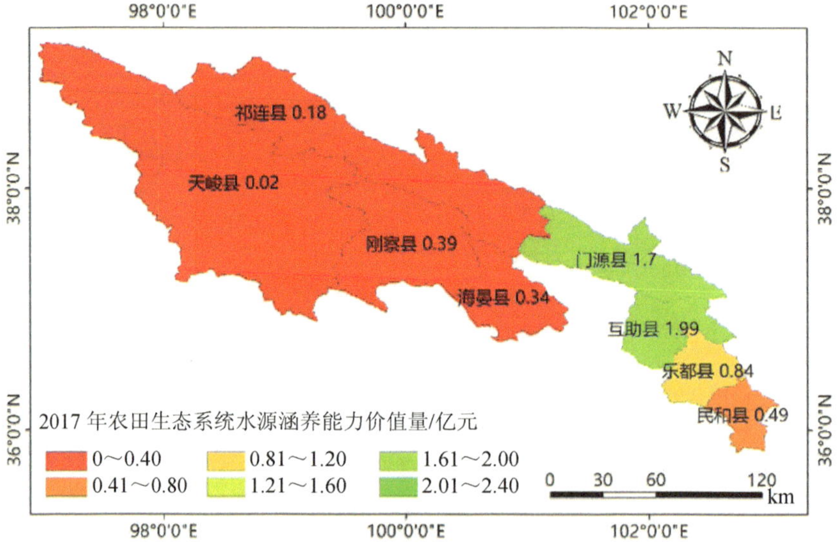

图 4-37　2011 年、2015 年和 2017 年农田生态系统水源涵养价值量空间分布

2）林地生态系统水源涵养能力价值量

如表 4-13 和图 4-38 所示，青海省祁连山区 8 个县（区）2011 年土地利用中森林水源涵养的多年平均径流深均有所增加，增幅为 0.42～8.41 mm，对应的多年平均水源涵养量在 0.03 亿～0.75 亿 m^3，最小和最大涵养量分别出现在民和县和祁连县；对应的价值量在 0.21 亿～4.68 亿元。2015 年土地利中林地转成未利用地时，多年平均径流深增幅为 0.41～8.41 mm，对应的多年平均水源涵养量在 0.03 亿～0.63 亿 m^3，最小和最大价值量也分别出现在民和县和祁连县，对应的价值量在 0.23 亿～4.54 亿元。2017 年土地利用林地转成未利用地时，多年平均径流深增幅为 0.71～10.38 mm，对应的多年平均水源涵养量在 0.05 亿～0.74 亿 m^3，其中最小和最大涵养量分别出现在民和县和祁连县；而对应的价值量在 0.46 亿～6.31 亿元。从空间分布来看，从西北到东南林地的水源涵养价值量也呈现先增后减的趋势，其中祁连县和门源县较高。

表 4-13　2011 年、2015 年和 2017 年林地生态系统水源涵养实物量与价值量

年份	县（区）名	现状径流深/mm	转移径流深/mm	调节径流深/mm	现状产水量/亿 m^3	转移产水量/亿 m^3	调节水量/亿 m^3	价值量/亿元
2011	刚察县	202.27	204.53	2.26	19.50	19.72	0.22	1.37
	海晏县	165.08	170.32	5.24	7.33	7.57	0.23	1.46
	互助县	84.65	93.06	8.41	2.84	3.12	0.28	1.77
	乐都区	32.48	36.74	4.26	0.81	0.91	0.11	0.66
	门源县	186.33	194.23	7.90	11.90	12.40	0.50	3.16
	民和县	22.19	23.97	1.78	0.42	0.46	0.03	0.21
	祁连县	139.03	144.39	5.36	19.34	20.09	0.75	4.68
	天峻县	135.32	135.74	0.42	34.64	34.75	0.11	0.68
2015	刚察县	202.58	204.80	2.22	19.53	19.74	0.21	1.54
	海晏县	165.67	170.95	5.28	7.36	7.59	0.23	1.69
	互助县	85.39	93.80	8.41	2.86	3.15	0.28	2.03
	乐都区	44.71	48.72	4.01	1.11	1.21	0.10	0.72
	门源县	209.36	217.28	7.92	13.37	13.88	0.51	3.64
	民和县	27.12	28.80	1.68	0.52	0.55	0.03	0.23
	祁连县	139.59	144.13	4.54	19.42	20.05	0.63	4.54
	天峻县	153.13	153.53	0.41	39.20	39.31	0.10	0.75
2017	刚察县	196.92	200.91	3.99	18.98	19.37	0.38	3.27
	海晏县	164.23	168.72	4.49	7.30	7.50	0.20	1.70
	互助县	85.65	94.75	9.10	2.87	3.18	0.31	2.60
	乐都区	32.77	38.83	6.06	0.81	0.96	0.15	1.28
	门源县	200.12	210.50	10.38	12.78	13.44	0.66	5.64
	民和县	22.40	25.23	2.83	0.43	0.48	0.05	0.46
	祁连县	137.46	142.79	5.33	19.12	19.87	0.74	6.31
	天峻县	124.58	125.29	0.71	31.89	32.08	0.18	1.55

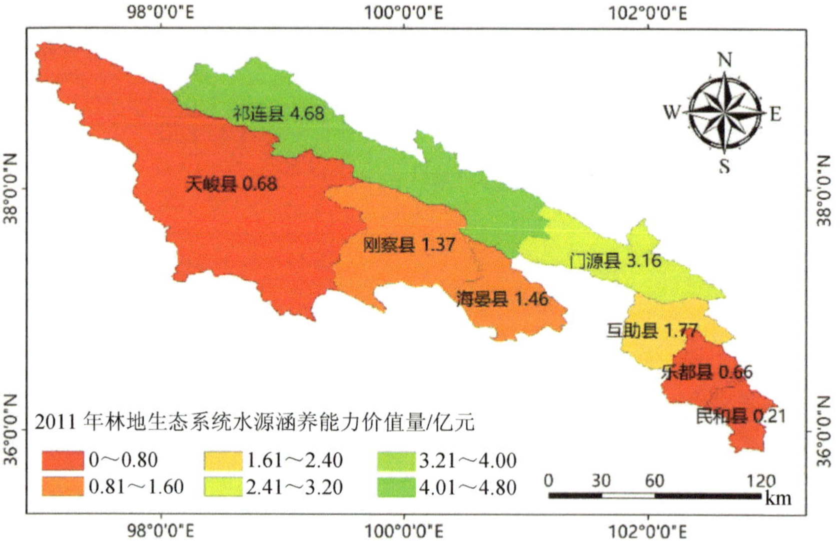
98°0'0"E
100°0'0"E
102°0'0"E
38°0'0"N
36°0'0"N
N
W
E
S
祁连县 4.68
天峻县 0.68
刚察县 1.37
门源县 3.16
海晏县 1.46
互助县 1.77
乐都县 0.66
民和县 0.21
2011 年林地生态系统水源涵养能力价值量/亿元
0～0.80
0.81～1.60
1.61～2.40
2.41～3.20
3.21～4.00
4.01～4.80
0 30 60 120
km

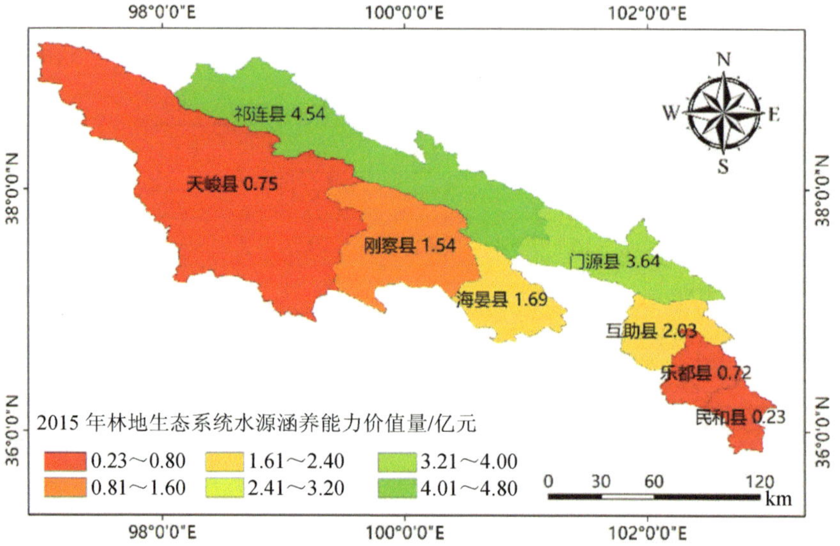
98°0'0"E
100°0'0"E
102°0'0"E
38°0'0"N
36°0'0"N
N
W
E
S
祁连县 4.54
天峻县 0.75
刚察县 1.54
门源县 3.64
海晏县 1.69
互助县 2.03
乐都县 0.72
民和县 0.23
2015 年林地生态系统水源涵养能力价值量/亿元
0.23～0.80
0.81～1.60
1.61～2.40
2.41～3.20
3.21～4.00
4.01～4.80
0 30 60 120
km

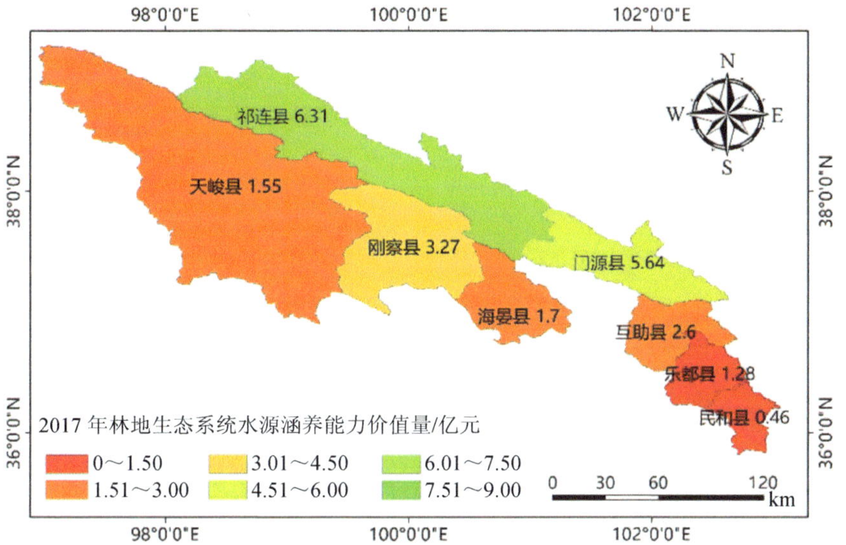

图 4-38 2011 年、2015 年和 2017 年林地生态系统水源涵养能力价值量空间分布

3）草地生态系统水源涵养能力价值量

如表 4-14 和图 4-39 所示，青海省祁连山区各县（区）2011 年土地利用中草地水源涵养的多年平均径流深均有所增加，增幅为 6.53～20.67 mm，较农田、林地生态系统明显增加；对应的多年平均水源涵养量在 0.12 亿～3.27 亿 m^3，最小和最大涵养量分别出现在民和县和天峻县；对应的价值量在 0.78 亿～20.53 亿元。2015 年土地利用草地转成未利用地时，多年平均径流深增幅为 5.93～20.55 mm，对应的多年平均水源涵养量在 0.11 亿～3.13 亿 m^3，最小和最大涵养量也分别出现在民和县和天峻县；而对应的价值量在 0.81 亿～22.47 亿元。2017 年土地利用中草地转成未利用地时，多年平均径流深增幅为 5.70～21.88 mm，对应的多年平均水源涵养量在 0.11 亿～3.86 亿 m^3，最小和最大涵养量分别出现在民和县和天峻县；对应的价值量在 0.92 亿～32.84 亿元。从空间分布来看，从西北到东南水源涵养价值量呈现逐渐减少的趋势，天峻县和祁连县的草地水源涵养能力较高。

表 4-14　2011 年、2015 年和 2017 年草地生态系统水源涵养能力价值量

年份	县（区）名	现状径流深/mm	转移径流深/mm	调节径流深/mm	现状产水量/亿 m^3	转移产水量/亿 m^3	调节水量/亿 m^3	价值量/亿元
2011	刚察县	202.27	220.34	18.07	19.50	21.24	1.74	10.92
	海晏县	165.08	185.52	20.44	7.33	8.24	0.91	5.69
	互助县	84.65	94.13	9.48	2.84	3.16	0.32	1.99
	乐都区	32.48	44.40	11.93	0.81	1.10	0.30	1.86
	门源县	186.33	206.99	20.67	11.90	13.22	1.32	8.28
	民和县	22.19	28.72	6.53	0.42	0.55	0.12	0.78
	祁连县	139.03	159.41	20.38	19.34	22.18	2.84	17.78
	天峻县	135.32	148.11	12.79	34.64	37.92	3.27	20.53
2015	刚察县	202.58	220.66	18.07	19.53	21.27	1.74	12.53
	海晏县	165.67	186.11	20.44	7.36	8.27	0.91	6.53
	互助县	85.39	94.76	9.37	2.86	3.18	0.31	2.26
	乐都区	44.71	54.86	10.15	1.11	1.36	0.25	1.81
	门源县	209.36	229.91	20.55	13.37	14.68	1.31	9.44
	民和县	27.12	33.06	5.93	0.52	0.63	0.11	0.81
	祁连县	139.59	155.93	16.33	19.42	21.69	2.27	16.34
	天峻县	153.13	165.33	12.21	39.20	42.33	3.13	22.47
2017	刚察县	196.92	218.25	21.34	18.98	21.04	2.06	17.50
	海晏县	164.23	186.11	21.88	7.30	8.27	0.97	8.27
	互助县	85.65	96.42	10.77	2.87	3.23	0.36	3.07
	乐都区	32.77	42.78	10.01	0.81	1.06	0.25	2.12
	门源县	200.12	218.77	18.65	12.78	13.97	1.19	10.13
	民和县	22.40	28.09	5.70	0.43	0.53	0.11	0.92
	祁连县	137.46	157.85	20.39	19.12	21.96	2.84	24.14
	天峻县	124.58	139.65	15.08	31.89	35.75	3.86	32.84

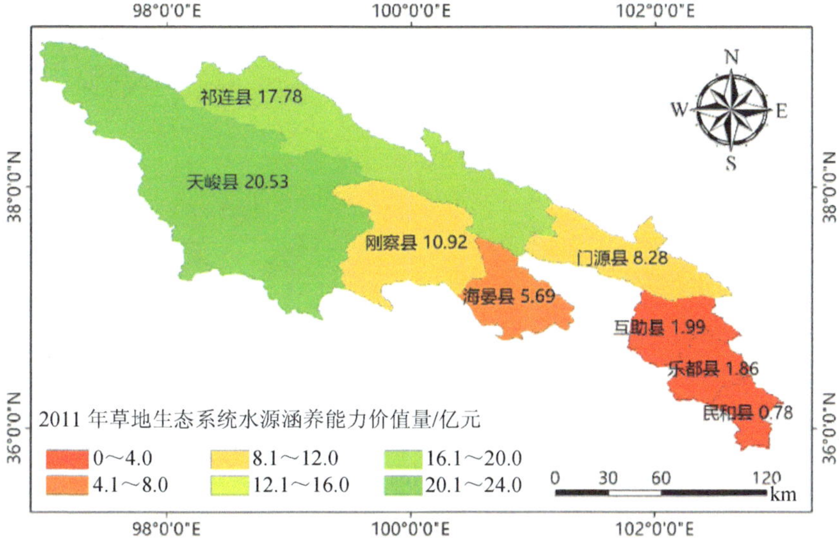
98°0'0"E
100°0'0"E
102°0'0"E
38°0'0"N
36°0'0"N
N
W
E
S
祁连县 17.78
天峻县 20.53
刚察县 10.92
门源县 8.28
海晏县 5.69
互助县 1.99
乐都县 1.86
民和县 0.78
2011 年草地生态系统水源涵养能力价值量/亿元
0～4.0
4.1～8.0
8.1～12.0
12.1～16.0
16.1～20.0
20.1～24.0
0 30 60 120
km

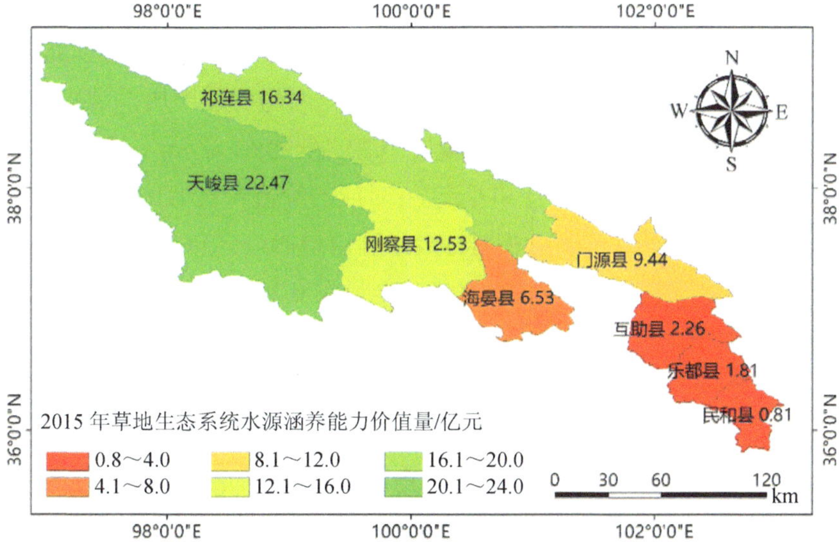
98°0'0"E
100°0'0"E
102°0'0"E
38°0'0"N
36°0'0"N
N
W
E
S
祁连县 16.34
天峻县 22.47
刚察县 12.53
门源县 9.44
海晏县 6.53
互助县 2.26
乐都县 1.81
民和县 0.81
2015 年草地生态系统水源涵养能力价值量/亿元
0.8～4.0
4.1～8.0
8.1～12.0
12.1～16.0
16.1～20.0
20.1～24.0
0 30 60 120
km

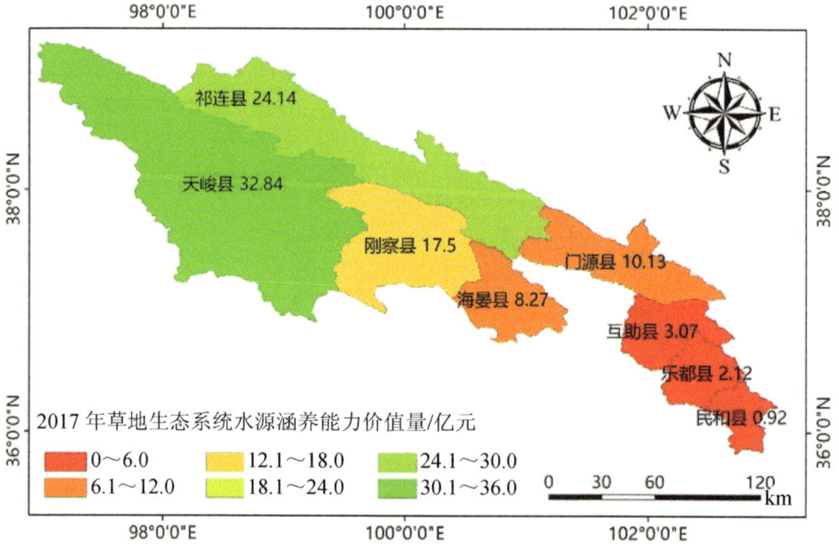

图 4-39　2011 年、2015 年和 2017 年草地生态系统水源涵养能力价值量空间分布

4）生态系统水源涵养能力价值总量

如表 4-15 和图 4-40 所示，青海省祁连山区 8 县（区）2011 年土地利用中农田、草地和林地转成未利用地时，多年平均径流深均明显增加，增幅为 11.44～32.64 mm，对应的多年平均水源涵养量在 0.22 亿～3.61 亿 m^3，其中水源涵养量最小和最大值分别出现在民和县和祁连县；对应的价值量在 1.36 亿～22.61 亿元。2015 年土地利用农田、草地和林地转成未利用地时，多年平均径流深的增幅为 10.55～32.52 mm，对应的多年平均水源涵养量在 0.20 亿～3.23 亿 m^3，其中水源涵养量最小和最大值也分别出现在民和县和天峻县；对应的价值量在 1.44 亿～23.25 亿元。2017 年土地利用农田、草地和林地转成未利用地时，多年平均径流深增幅为 11.56～32.16 mm，对应的多年平均水源涵养水量在 0.22 亿～4.04 亿 m^3，其中水源涵养量最小和最大值也分别出现在民和县和天峻县；对应的价值量在 1.87 亿～34.40 亿元。从空间分布来看，从西北到东南水源涵养价值量呈现逐渐减少的趋势，与草地的水源涵养价值量空间变化特征基本一致，主要是由于这一地区的草地占比较大。

表 4-15　2011 年、2015 年和 2017 年土地利用生态系统水源涵养能力价值量

年份	县（区）名	现状径流深/mm	转移径流深/mm	调节径流深/mm	现状产水量/亿 m³	转移产水量/亿 m³	调节水量/亿 m³	价值量/亿元
2011	刚察县	202.27	223.66	21.38	58.50	60.56	2.06	12.92
	海晏县	165.08	192.00	26.91	22.00	23.20	1.20	7.50
	互助县	84.65	111.32	26.67	8.52	9.41	0.89	5.61
	乐都区	32.48	52.65	20.18	2.42	2.92	0.50	3.14
	门源县	186.33	218.97	32.64	35.70	37.79	2.08	13.07
	民和县	22.19	33.62	11.44	1.27	1.48	0.22	1.36
	祁连县	139.03	164.95	25.92	58.02	61.63	3.61	22.61
	天峻县	135.32	148.54	13.22	103.93	107.32	3.39	21.23
2015	刚察县	202.58	223.92	21.33	58.59	60.64	2.06	14.79
	海晏县	165.67	192.65	26.99	22.08	23.28	1.20	8.62
	互助县	85.39	111.91	26.52	8.59	9.48	0.89	6.40
	乐都区	44.71	62.57	17.86	3.33	3.78	0.44	3.19
	门源县	209.36	241.88	32.52	40.11	42.19	2.08	14.93
	民和县	27.12	37.67	10.55	1.55	1.75	0.20	1.44
	祁连县	139.59	160.60	21.01	58.26	61.18	2.92	21.02
	天峻县	153.13	165.76	12.63	117.61	120.85	3.23	23.25
2017	刚察县	196.92	222.73	25.81	56.95	59.44	2.49	21.17
	海晏县	164.23	191.49	27.26	21.89	23.10	1.21	10.30
	互助县	85.65	112.50	26.85	8.62	9.52	0.90	7.66
	乐都区	32.77	52.81	20.04	2.44	2.94	0.50	4.24
	门源县	200.12	232.28	32.16	38.34	40.40	2.05	17.47
	民和县	22.40	33.96	11.56	1.28	1.50	0.22	1.87
	祁连县	137.46	163.34	25.88	57.37	60.97	3.60	30.62
	天峻县	124.58	140.37	15.79	95.68	99.73	4.04	34.40

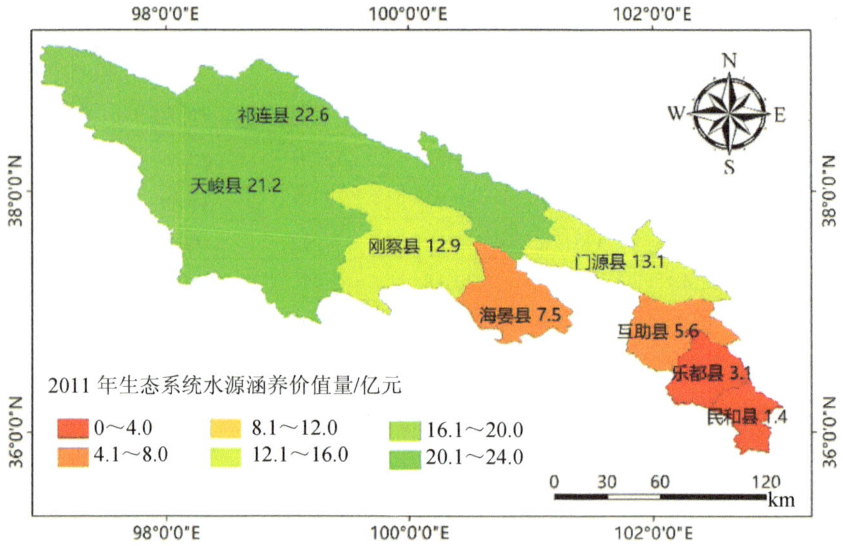
98°0'0"E
100°0'0"E
102°0'0"E
38°0'0"N
36°0'0"N
N
S
W
E
祁连县 22.6
天峻县 21.2
刚察县 12.9
门源县 13.1
海晏县 7.5
互助县 5.6
乐都县 3.1
民和县 1.4
2011 年生态系统水源涵养价值量/亿元
0～4.0
4.1～8.0
8.1～12.0
12.1～16.0
16.1～20.0
20.1～24.0
0 30 60 120
km

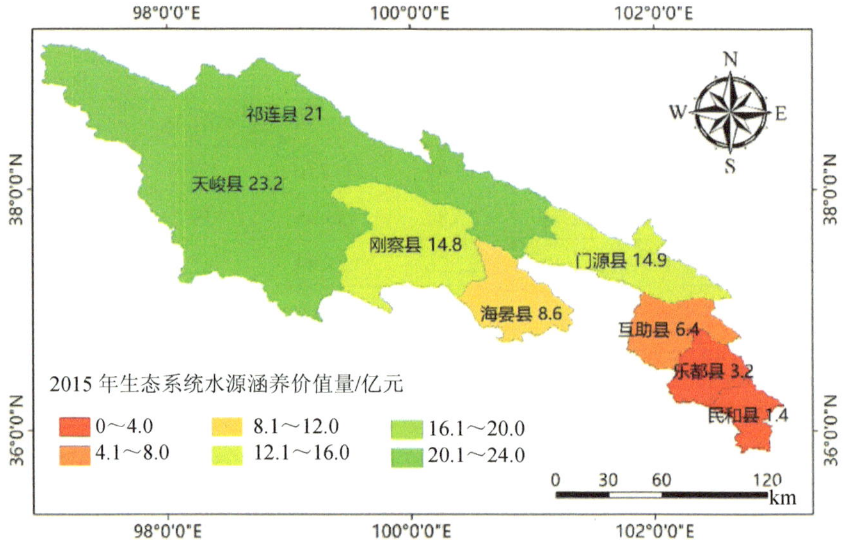
98°0'0"E
100°0'0"E
102°0'0"E
38°0'0"N
36°0'0"N
N
S
W
E
祁连县 21
天峻县 23.2
刚察县 14.8
门源县 14.9
海晏县 8.6
互助县 6.4
乐都县 3.2
民和县 1.4
2015 年生态系统水源涵养价值量/亿元
0～4.0
4.1～8.0
8.1～12.0
12.1～16.0
16.1～20.0
20.1～24.0
0 30 60 120
km

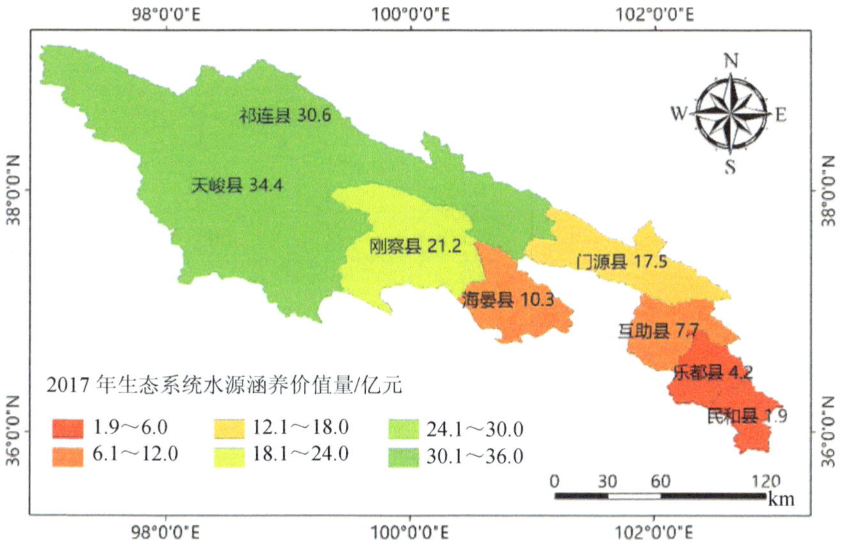

图 4-40　2011 年、2015 年和 2017 年土地利用生态系统水源涵养能力价值量空间分布

（3）冰川对径流的调节能力核算

如表 4-16 和图 4-41 所示，青海省祁连山区 8 县（区）2011 年冰川的多年平均径流深在 0～57.24 mm，其中冰川产流量主要集中在刚察县、海晏县、门源县、祁连县和天峻县，其中，天峻县最大，调节流量在 0～14.66 亿 m^3；对应的价值量在 0～91.89 亿元；2015 年冰川的多年平均径流深在 0～75.30 mm，其中冰川产流量也主要集中在刚察县、海晏县、门源县、祁连县和天峻县，特别是天峻县最多；调节流量在 0～19.28 亿 m^3；对应的价值量在 0～138.61 亿元；2017 年冰川的多年平均径流深在 0～47.18 mm，其中冰川产流量也主要集中在刚察县、海晏县、门源县、祁连县和天峻县，特别是天峻县最多；调节流量在 0～12.08 亿 m^3；对应的价值量在 0～102.76 亿元。从空间分布来看，与生态系统水源涵养能力价值量分布类似，从西北到东南价值量呈现逐渐减少的趋势。

表 4-16　2011 年、2015 年和 2017 年冰川对径流调节能力价值量

年份	县（区）名	冰川产流量/mm	调节水量/亿 m^3	价值量/亿元
2011	刚察县	0.38	0.04	0.23
	海晏县	0.05	0.00	0.01
	互助县	0.00	0.00	0.00
	乐都区	0.00	0.00	0.00
	门源县	0.15	0.01	0.06
	民和县	0.00	0.00	0.00
	祁连县	14.65	2.04	12.78
	天峻县	57.24	14.66	91.89
2015	刚察县	0.40	0.04	0.28
	海晏县	0.13	0.01	0.04
	互助县	0.01	0.00	0.00
	乐都区	0.00	0.00	0.00
	门源县	31.48	2.01	14.46
	民和县	0.00	0.00	0.00
	祁连县	7.77	1.08	7.78
	天峻县	75.30	19.28	138.61
2017	刚察县	0.38	0.04	0.31
	海晏县	0.12	0.01	0.05
	互助县	0.01	0.00	0.00
	乐都区	0.00	0.00	0.00
	门源县	16.51	1.05	8.97
	民和县	0.00	0.00	0.00
	祁连县	11.76	1.64	13.92
	天峻县	47.18	12.08	102.76

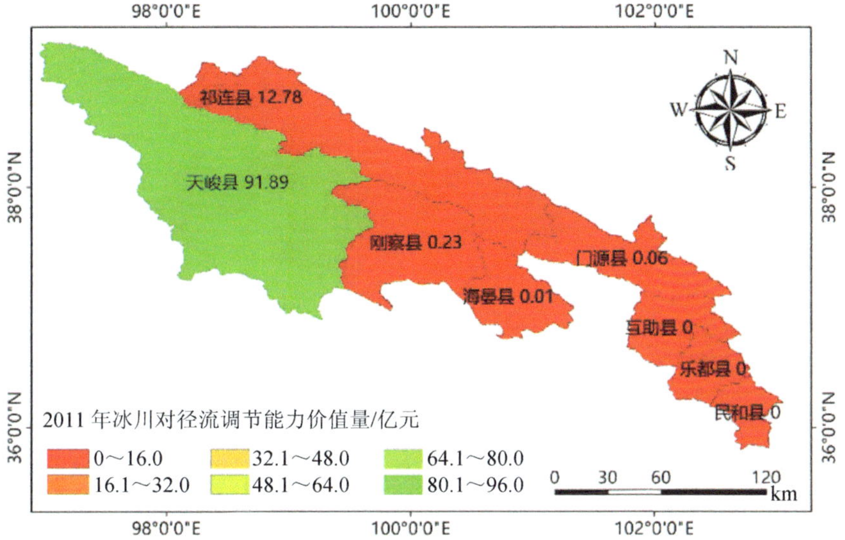
98°0'0"E
100°0'0"E
102°0'0"E
38°0'0"N
36°0'0"N
N
W
E
S
祁连县 12.78
天峻县 91.89
刚察县 0.23
门源县 0.06
海晏县 0.01
互助县 0
乐都县 0
民和县 0
2011 年冰川对径流调节能力价值量/亿元
0～16.0
16.1～32.0
32.1～48.0
48.1～64.0
64.1～80.0
80.1～96.0
0 30 60 120
km

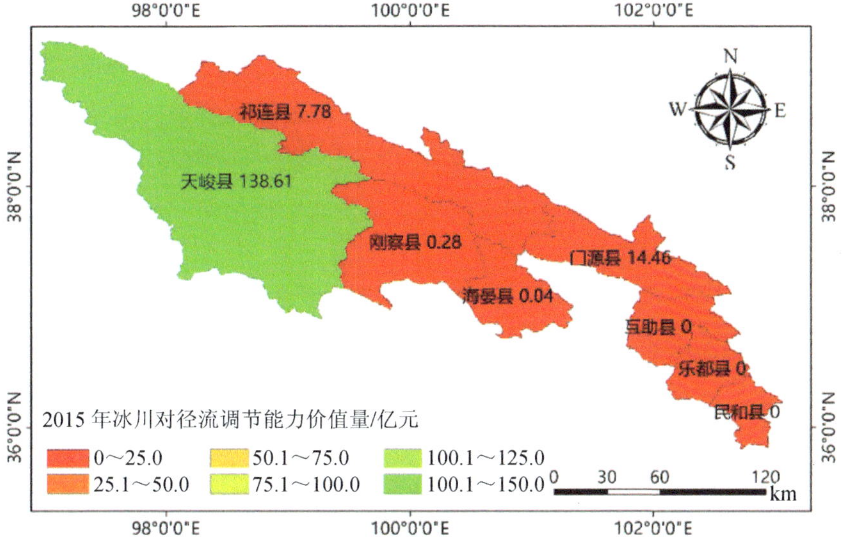
98°0'0"E
100°0'0"E
102°0'0"E
38°0'0"N
36°0'0"N
N
W
E
S
祁连县 7.78
天峻县 138.61
刚察县 0.28
门源县 14.46
海晏县 0.04
互助县 0
乐都县 0
民和县 0
2015 年冰川对径流调节能力价值量/亿元
0～25.0
25.1～50.0
50.1～75.0
75.1～100.0
100.1～125.0
100.1～150.0
0 30 60 120
km

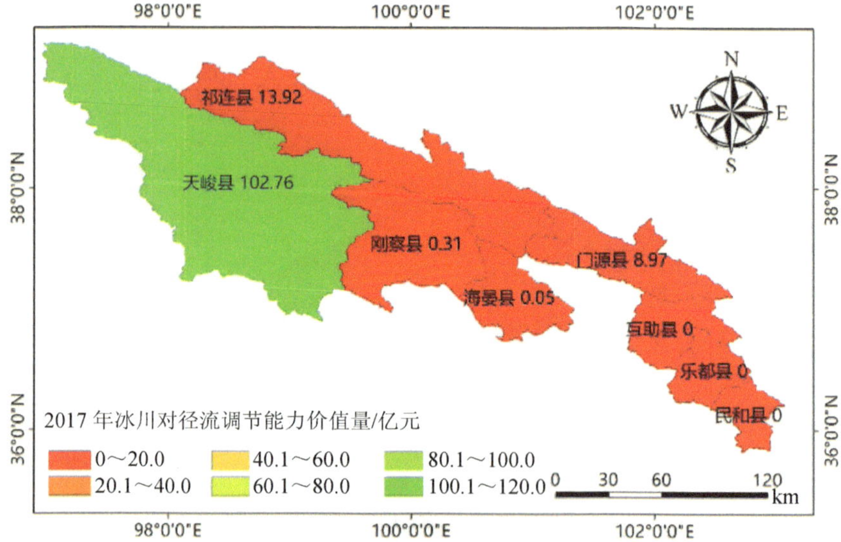

图 4-41　2011 年、2015 年和 2017 年冰川对径流调节能力价值量空间分布

（4）洪水调蓄能力核算

青海省祁连山区 8 个县（区）仅有海晏县、互助县、乐都区、民和县修建有小型和中型水库，库容在 373.3 万～1 315.30 万 m^3，其中互助县和海晏县内水库库容较大。根据 2011 年、2015 年和 2017 年单位工程量的价值来算（表 4-17），洪水调蓄能力价值量分别在 0～0.82 亿元、0～0.95 亿元和 0～1.12 亿元。而从空间分布来看（图 4-42），从西北到东南洪水调蓄能力价值量呈现逐渐增加的趋势。

表 4-17　2011 年、2015 年和 2017 年水库洪水调节能力价值量

县（区）名	防洪库容/万 m^3	2011 年价值量/亿元	2015 年价值量/亿元	2017 年价值量/亿元
刚察县	0.00	0.00	0.00	0.00
海晏县	1 230.78	0.77	0.88	1.05
互助县	1 315.30	0.82	0.95	1.12
乐都区	437.32	0.27	0.31	0.37
门源县	0.00	0.00	0.00	0.00
民和县	373.30	0.23	0.27	0.32
祁连县	0.00	0.00	0.00	0.00
天峻县	0.00	0.00	0.00	0.00

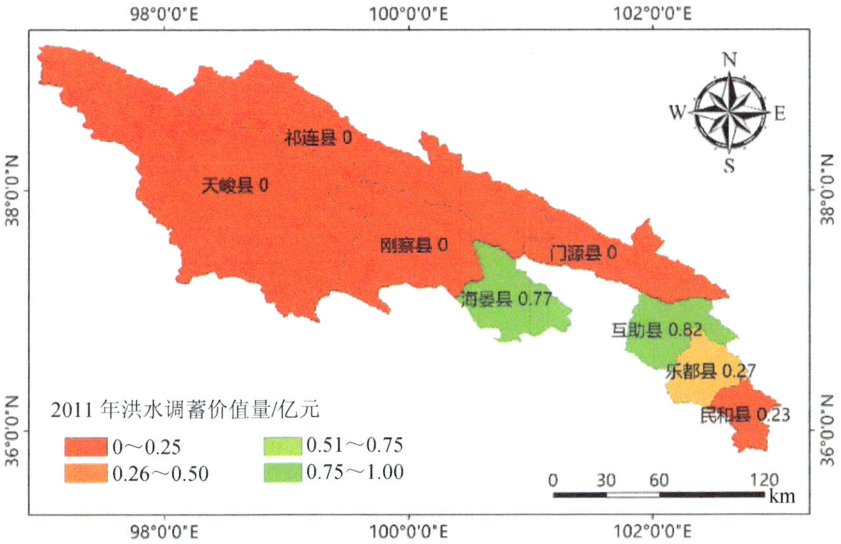
98°0'0"E
100°0'0"E
102°0'0"E
38°0'0"N
36°0'0"N
N
W
E
S
祁连县 0
天峻县 0
刚察县 0
门源县 0
海晏县 0.77
互助县 0.82
乐都县 0.27
民和县 0.23
2011 年洪水调蓄价值量/亿元
0～0.25
0.26～0.50
0.51～0.75
0.75～1.00
0
30
60
120
km

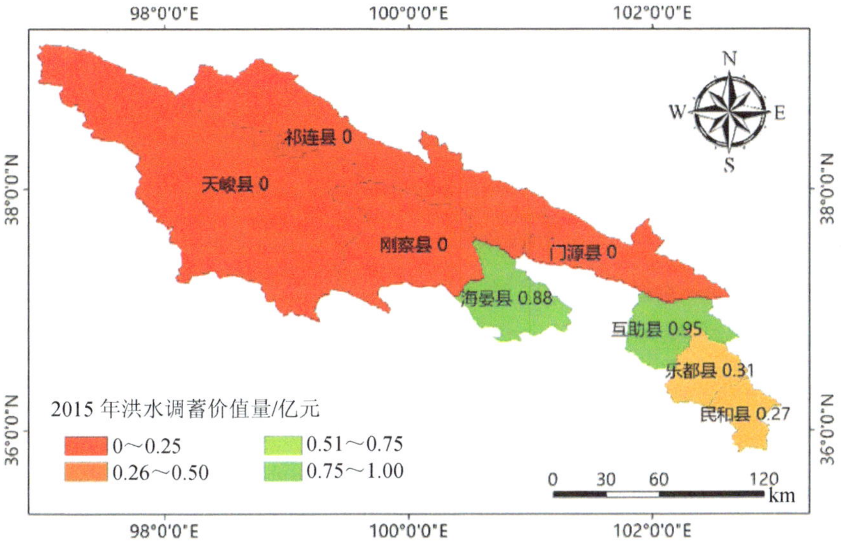
98°0'0"E
100°0'0"E
102°0'0"E
38°0'0"N
36°0'0"N
N
W
E
S
祁连县 0
天峻县 0
刚察县 0
门源县 0
海晏县 0.88
互助县 0.95
乐都县 0.31
民和县 0.27
2015 年洪水调蓄价值量/亿元
0～0.25
0.26～0.50
0.51～0.75
0.75～1.00
0
30
60
120
km

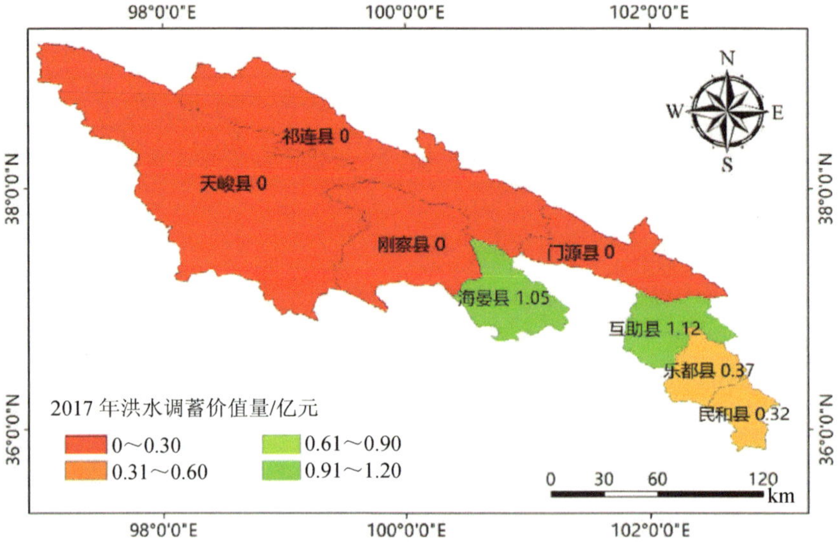

图 4-42 2011 年、2015 年和 2017 年水库洪水调节能力价值量空间分布

4.3.4 土壤保持核算

（1）实物量核算

按照通用土壤流失方程对青海省祁连山区土壤保持量进行核算，从气象、地形、植被、土地利用状况和土壤物理因子等多个方面进行考虑，根据公式获取到祁连山区 2011—2017 年的土壤保持量情况，具体统计数据如表 4-18 和图 4-43 所示。青海省祁连山区总的土壤保持量呈现出逐年下降趋势，2011 年、2015 年和 2017 年的实物量分别为 21 204.53 万 t、20 962.02 万 t 和 12 511.18 万 t，2017 年下降较多，该变化主要由于 2017 年的降水量和空间分布与 2011 年和 2015 年存在很大差异所致，尤其是在草地分布较多的西部县区，如天峻县 2017 年降水量明显减小。由于区域草地面积广阔，其对土壤的保持量也明显高于其他生态系统类型，三年占比分别为 62.81%、61.87%和 54.46%，其次是森林生态系统。

表 4-18 青海省祁连山区各生态系统土壤保持量 单位：万 t

生态系统名称	2011 年	2015 年	2017 年
农田	2 055.54	1 502.52	1 490.29
森林	4 157.05	4 444.91	3 353.97
草地	13 318.25	12 969.78	6 813.43
湿地	736.73	778.83	308.20
城镇	88.80	361.92	260.48
荒漠	848.17	904.06	284.81
总计	21 204.53	20 962.02	12 511.18

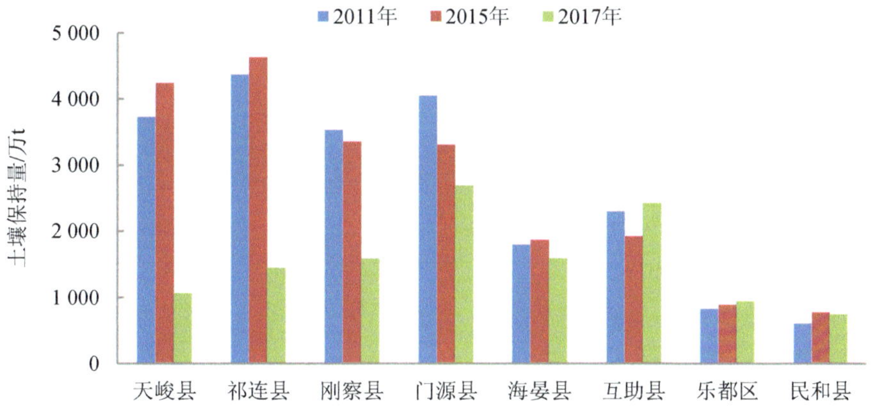

图 4-43 青海省祁连山区各县（区）生态系统土壤保持量

从行政区看，除了乐都区和民和县外，其他县（区）的土壤保持量都较高，尤其是祁连县、天峻县和门源县是区域土壤保持能力相对重要的地区。各县土壤保持量在 2011—2017 年的波动性较大，以天峻县和祁连县最为明显，天峻县 2017 年土壤保持量较 2015 年减小 3 169.26 万 t，祁连县则减小 3 173.94 万 t，根据土壤保持方程中各影响因素的推断，降水量的减小是各县土壤保持量变化的主要原因。

从空间上看（图 4-44），对比各时期的生态系统类型空间分布图，可以发现植被覆盖较好的地区土壤保持量越高，如农田、森林面积相对较多的民和县、互助县、门源县以及刚察县和海晏县的部分地区，草地的单位面积土壤保持能力低于农田和森林。空间分布图显示 2017 年西部大范围的土壤保持量降低一个级别，虽然东部县区的土壤保持量仍处于高值区域，但最大值明显低于其他两个时期。

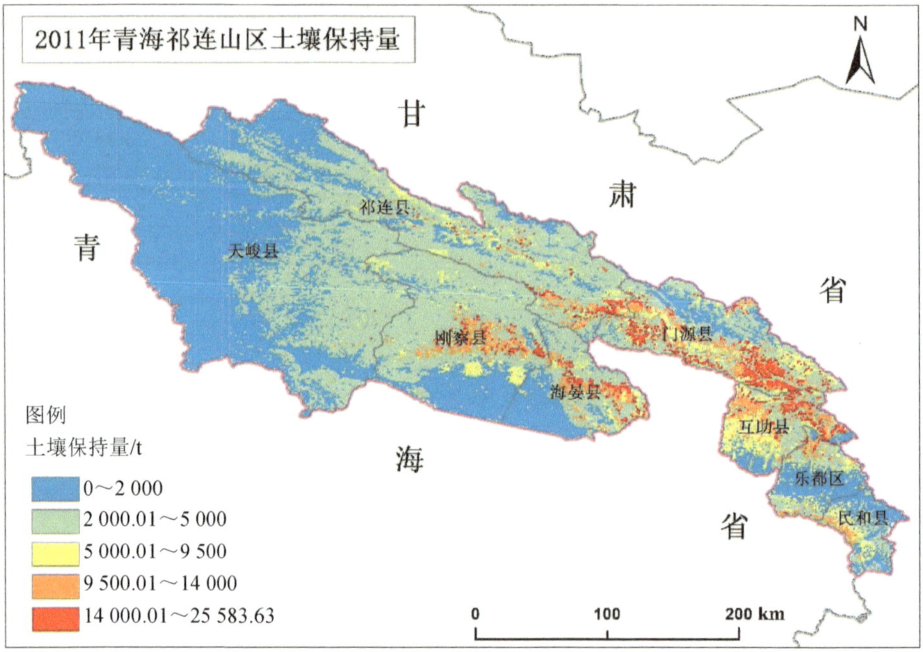
2011年青海祁连山区土壤保持量
N
甘
肃
省
青
海
省
祁连县
天峻县
刚察县
门源县
海晏县
互助县
乐都区
民和县
图例
土壤保持量/t
0～2 000
2 000.01～5 000
5 000.01～9 500
9 500.01～14 000
14 000.01～25 583.63
0
100
200 km

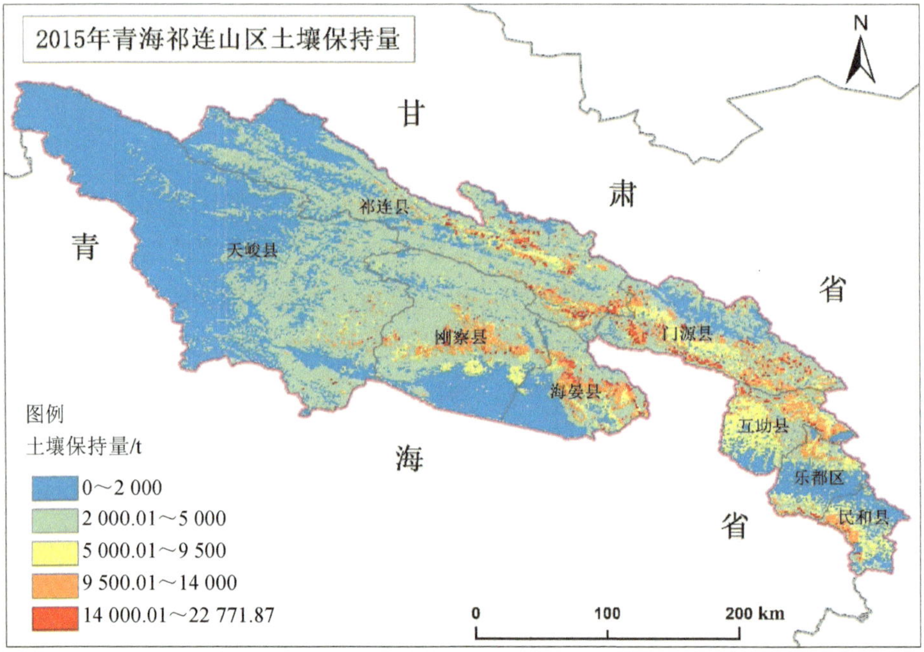
2015年青海祁连山区土壤保持量
N
甘
肃
省
青
海
省
祁连县
天峻县
刚察县
门源县
海晏县
互助县
乐都区
民和县
图例
土壤保持量/t
0～2 000
2 000.01～5 000
5 000.01～9 500
9 500.01～14 000
14 000.01～22 771.87
0
100
200 km

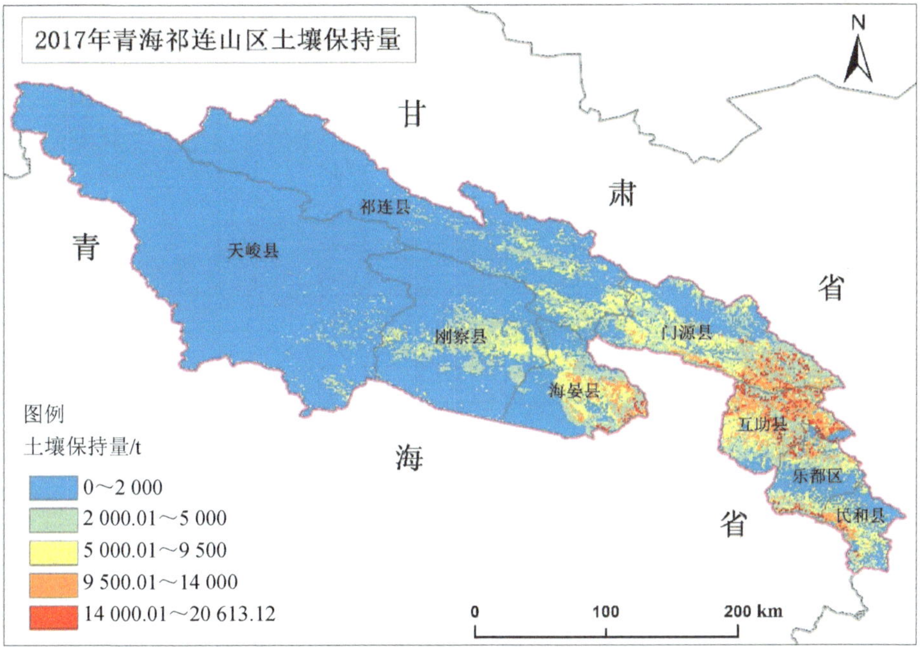

图 4-44　青海省祁连山区土壤保持量空间分布

（2）价值量核算

土壤保持价值量主要从保持土壤肥力和减少泥沙淤积两方面进行核算，利用机会成本法和替代工程法，将土壤保持量分别与相应的水库建设成本和土壤营养物质价格相乘获得。根据价值量核算公式中的参数要求，2011 年、2015 年和 2017 年的水库成本根据《森林生态系统服务功能评估规范》确定并作转换和调整，分别为 6.11 元/m^3、7.11 元/m^3 和 8.11 元/m^3；而氮、磷、钾和有机质转换至尿素、过磷酸钙、氯化钾以及有机碳的价格经过调查相关统计数据后分别确定，2011 年相应价格分别为 900 元/t、2 300 元/t、1 800 元/t 和 280 元/t，2015 年价格为 1 000 元/t、2 500 元/t、2 000 元/t 和 300 元/t，2017 年价格为 1 050 元/t、2 550 元/t、2 050 元/t 和 350 元/t。按照公式获取到青海省祁连山区的土壤保持价值量结果如表 4-19 和图 4-45 所示。

表 4-19 青海省祁连山区各县土壤保持价值量统计 单位：亿元

县（区）名	2011 年	2015 年	2017 年
天峻县	39.48	49.67	13.04
祁连县	47.62	55.74	18.34
刚察县	37.58	39.45	19.29
门源县	45.31	40.86	34.44
海晏县	19.20	21.95	19.37
互助县	23.71	21.96	28.63
乐都区	8.28	9.91	10.78
民和县	5.67	7.97	7.89
总计	226.85	247.51	151.78

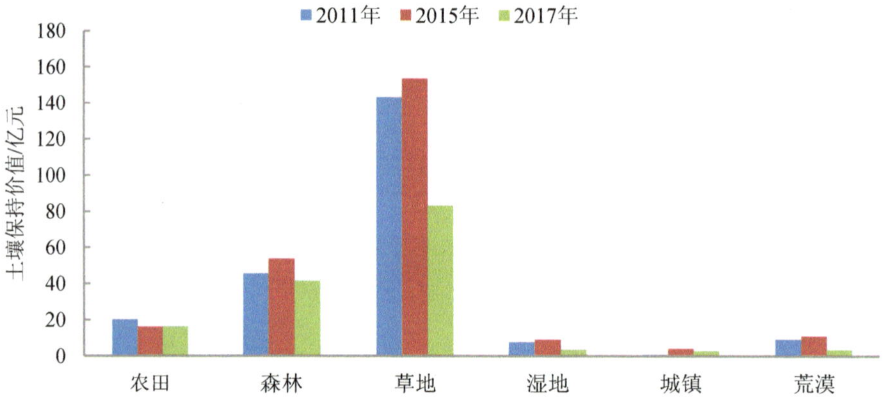

图 4-45 青海省祁连山区各生态系统土壤保持价值量

青海省祁连山区 2011 年、2015 年和 2017 年土壤保持价值量分别为 226.85 亿元、247.51 亿元和 151.78 亿元，与实物量的变化趋势相同，2017 年土壤保持价值量也随之出现大幅下降。2011 年和 2015 年祁连县、门源县、天峻县和刚察县的土壤保持价值量明显高于其他县（区），祁连县 2015 年最高达到 55.74 亿元；而乐都区和民和县土壤保持量最低，尤其民和县三年均不足 10 亿元。由于草地面积远高于其他生态系统，所以草地的土壤保持价值量最高，其次是森林生态系统。空间上土壤保持价值量的分布与实物量相同，2017 年由于西部区域实物量的大幅减小，相应的价值量也降低一个层次，东部地区的价值量则明显高于其他地区，尤其有森林和农田分布的区域（图 4-46）。

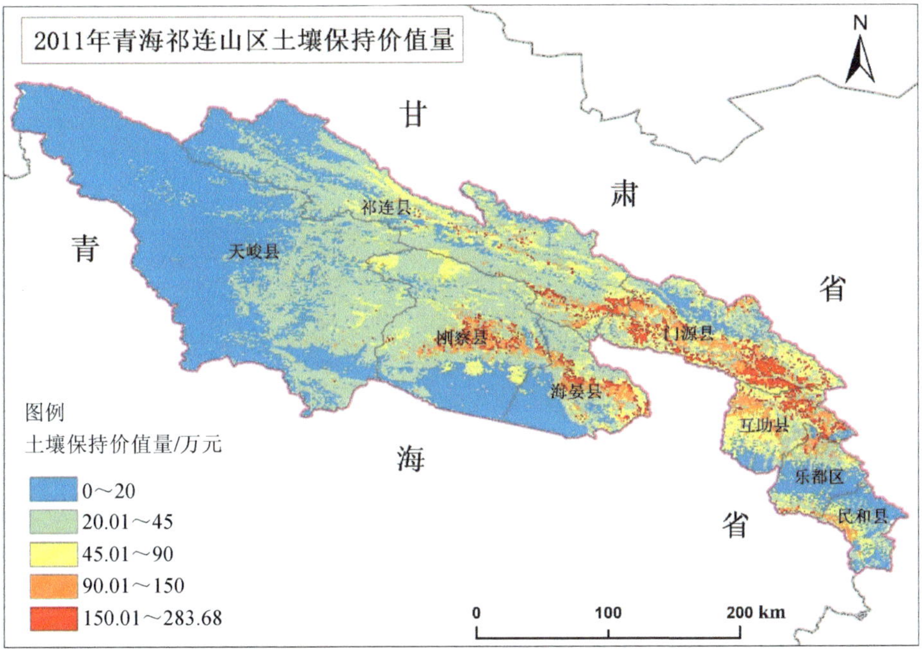
2011年青海祁连山区土壤保持价值量
N
甘
肃
省
青
海
省
祁连县
天峻县
刚察县
门源县
海晏县
互助县
乐都区
民和县
图例
土壤保持价值量/万元
0～20
20.01～45
45.01～90
90.01～150
150.01～283.68
0
100
200 km

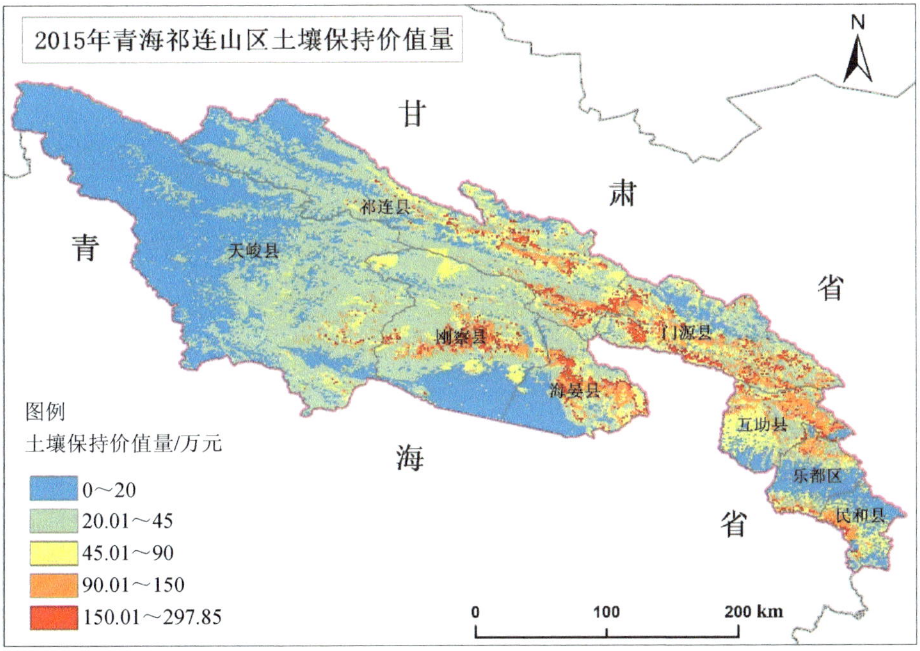
2015年青海祁连山区土壤保持价值量
N
甘
肃
省
青
海
省
祁连县
天峻县
刚察县
门源县
海晏县
互助县
乐都区
民和县
图例
土壤保持价值量/万元
0～20
20.01～45
45.01～90
90.01～150
150.01～297.85
0
100
200 km

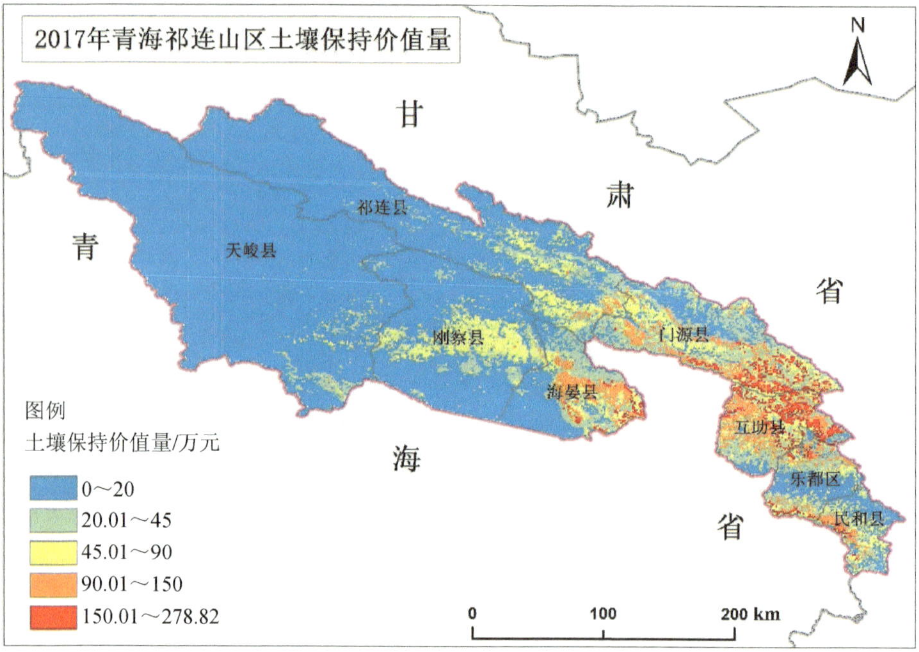

图 4-46 青海省祁连山区土壤保持价值量空间分布

4.3.5 防风固沙核算

（1）实物量核算

利用修正的风力侵蚀模型对青海省祁连山区防风固沙功能进行核算，根据模型特点，对区域防风固沙功能会产生影响的因素较多，如土壤物理结构、气象因子（包括风速、空气湿度、大气温度和雨雪量等）、植被覆盖因子以及地形因子等。按照公式进行核算，获取青海省祁连山区防风固沙实物量，统计结果如表 4-20 和图 4-47 所示。

表 4-20 青海省祁连山区各生态系统防风固沙量 单位：万 t

生态系统名称	2011 年	2015 年	2017 年
农田	58.61	26.78	19.13
森林	296.34	300.19	213.67
草地	1 143.07	684.30	694.35
湿地	275.01	248.30	438.21

生态系统名称	2011 年	2015 年	2017 年
城镇	41.67	99.07	204.20
荒漠	122.85	61.15	44.53
总计	1 937.55	1 419.79	1 614.09

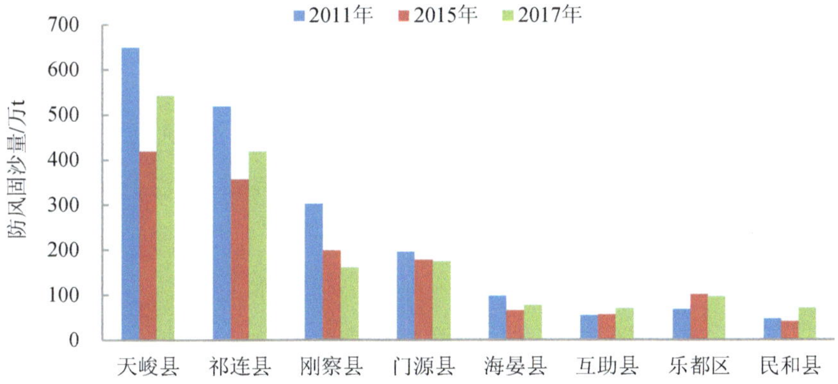

图 4-47　青海省祁连山区各县防风固沙实物量统计

2011 年、2015 年和 2017 年青海省祁连山区防风固沙量分别为 1 937.55 万 t、1 419.79 万 t 和 1 614.09 万 t，呈先减小后增加的波动变化。草地的防风固沙能力依然高于其他生态系统，分别占当年总防风固沙量的 50.81%、48.20%和 43.02%；由于防风固沙量计算过程中与雪覆盖因子有关，故湿地类型中的冰川雪地对于防风固沙也起到了很大作用，再加上沼泽湿地面积较大，所以导致湿地的防风固沙量仅次于草地。经分析验证，由于 2015 年区域风力大风速快，导致 2015 年的防风固沙量较 2011 年明显减小。从行政区来看，由于草地面积大，天峻县和祁连县防风固沙量最多，但都经历了先减小后增加的过程，且在 2011 年的防风固沙量最多，分别为 650.19 万 t 和 518.77 万 t。图 4-48 显示防风固沙量在空间上的分布特征，由于防风固沙功能影响因素众多，与其他调节功能不同，防风固沙量并未呈现出明显的东高西低的特点，防风固沙量高值在全区内零散分布，湿地尤其是有冰川分布的区域防风固沙量较高，森林区域也较其他地区高。对比各时期的空间特征可清晰看出 2015 年整体的防风固沙量低于其他时期，而 2011 年的高值区域分布更广。

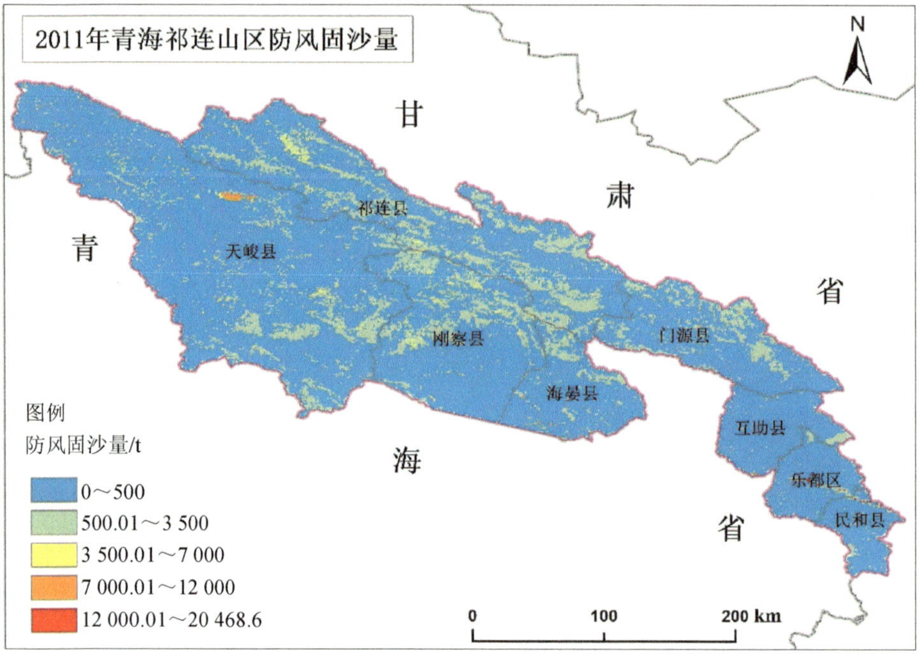
2011年青海祁连山区防风固沙量
N
甘
肃
省
青
海
省
祁连县
天峻县
刚察县
门源县
海晏县
互助县
乐都区
民和县
图例
防风固沙量/t
0～500
500.01～3 500
3 500.01～7 000
7 000.01～12 000
12 000.01～20 468.6
0
100
200 km

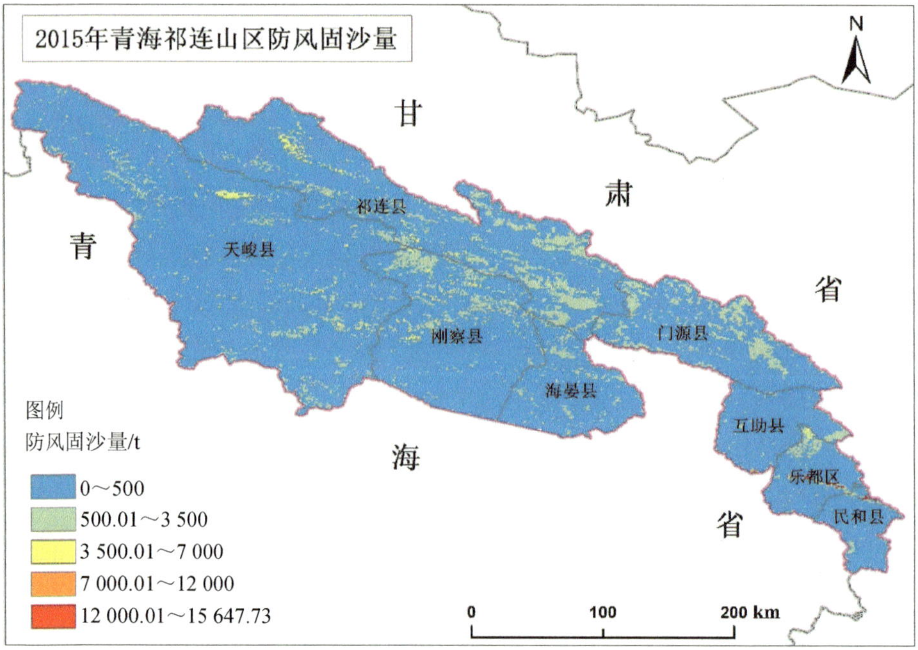
2015年青海祁连山区防风固沙量
N
甘
肃
省
青
海
省
祁连县
天峻县
刚察县
门源县
海晏县
互助县
乐都区
民和县
图例
防风固沙量/t
0～500
500.01～3 500
3 500.01～7 000
7 000.01～12 000
12 000.01～15 647.73
0
100
200 km

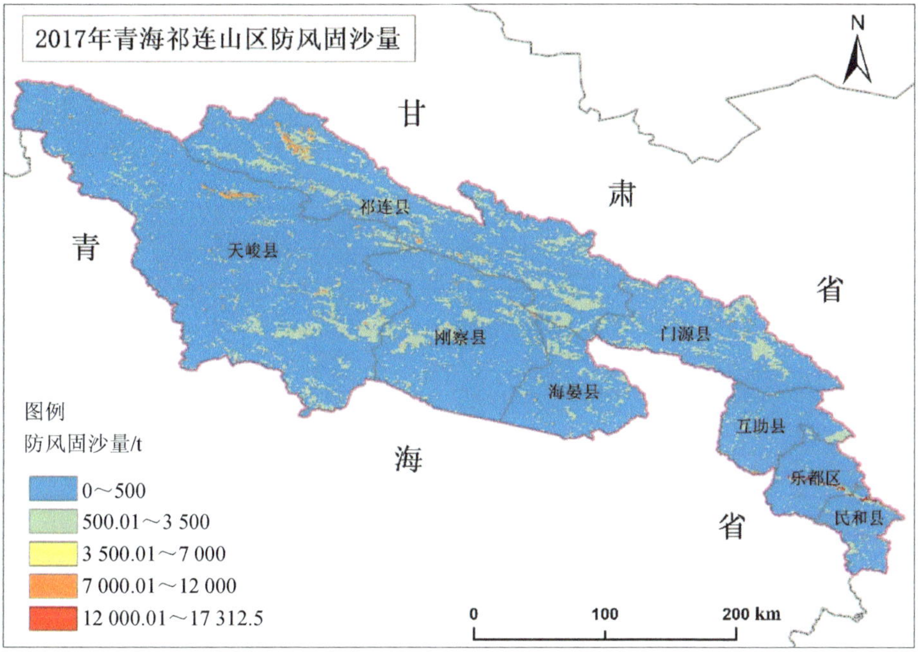

图 4-48　青海省祁连山区防风固沙量空间分布

（2）价值量核算

青海省祁连山区防风固沙价值量利用恢复成本法进行计算，以单位面积治沙价格为依据进行核算，即选用将沙地恢复为有植被覆盖的草地所支出的费用，参照《内蒙古自治区草原植被恢复费征用使用管理办法》以及根据沙漠修复调查获取相应价格，2011 年、2015 年和 2017 年价格分别为 132.88 元/m^2、142.88 元/m^{2}和 152.88 元/m^2，结果统计如表 4-21 和图 4-49 所示。2011 年、2015 年和 2017 年青海省祁连山区防风固沙价值量分别为 183.90 亿元、144.90 亿元和 176.27 亿元，天峻县、祁连县和刚察县位居价值量前三位，而民和县、乐都区和互助县价值量较低。草地和湿地防风固沙价值量较其他生态系统类型大。

表 4-21　青海省祁连山区各县防风固沙价值量统计　　单位：亿元

县（区）名	2011 年	2015 年	2017 年
天峻县	61.71	42.78	59.23
祁连县	49.24	36.46	45.79
刚察县	28.70	20.27	17.62
门源县	18.62	18.19	19.11
海晏县	9.35	6.76	8.47
互助县	5.24	5.82	7.73
乐都区	6.52	10.40	10.55
民和县	4.52	4.22	7.77
总计	183.90	144.90	176.27

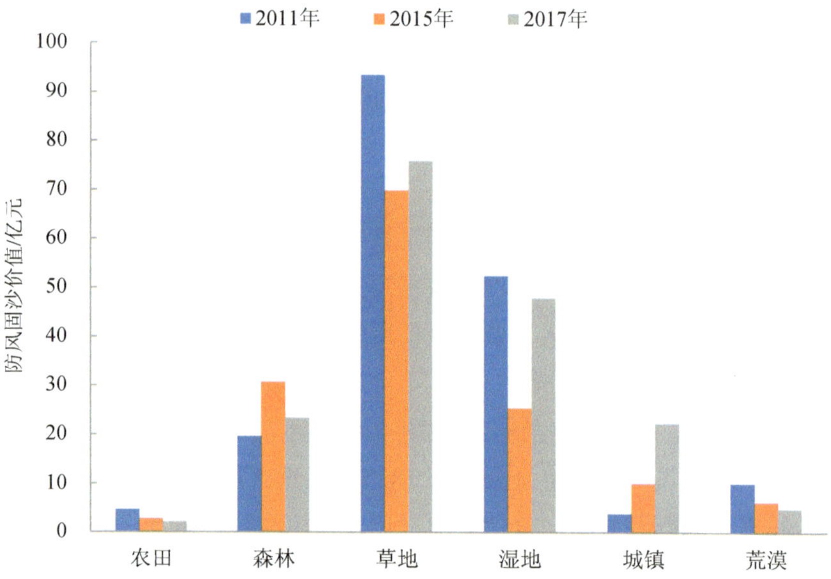

图 4-49　青海省祁连山区各生态系统防风固沙价值量

4.4 生物多样性服务核算

4.4.1 实物量

2010 年 12 月，国务院发布的《全国主体功能区规划》将祁连山水源涵养生态功能区确定为全国 25 个重要生态功能区之一，并划为限制开发区，将国家级自然保护区划为禁止开发区。2012 年 2 月，国务院批复的《西部大开发“十二五”规划》将祁连山区纳入青藏高原江河水源涵养区，确定为西部地区的重点生态区，指出要开展以提高水源涵养能力为主要内容的综合治理，保护草原、森林、湿地和生物多样性，扎实推进祁连山水源涵养区等生态安全屏障保护与建设。同时，《中国生物多样性保护战略与行动计划》把青海省祁连山区确定为 32 个陆地生物多样性保护优先区之一。祁连山区与生物多样性保护比较密切的区域有青海祁连山自然保护区和青海湖自然保护区部分地区，北山、仙米、南门峡、上北山、黑河大峡谷、松多等森林公园，布哈河、黑河源、南门峡、乐都大地湾等湿地公园（表 4-22）。

表 4-22 青海省祁连山区相关保护区基本情况

	名称	地理位置	面积/km^2	主要保护对象	级别
自然保护区	青海湖	刚察县	4 952	普氏原羚、黑颈鹤、大天鹅等在青海湖栖息、繁衍的野生动物	国家级
	青海省祁连山	祁连县、门源县、德令哈市、天峻县	8 022.17	保护黑河、大通河、疏勒河、托勒河、党河、石羊河等河流源头冰川和高寒湿地生态系统	省级
名胜风景区	青海湖	刚察县、海晏县、天峻县等	7 577.84	自然景观、人文景观	国家级
	门源百里花海	门源县	193	自然景观	省级
	互助北山	互助县	485	自然景观	省级

<table>
<tr><th></th><th>名称</th><th>地理位置</th><th>面积/km²</th><th>主要保护对象</th><th>级别</th></tr>
<tr><td rowspan="6">名胜风景区</td><td>海西哈拉湖</td><td>德令哈市、天峻县</td><td>900</td><td>自然景观</td><td>省级</td></tr>
<tr><td>互助佑宁寺</td><td>互助县</td><td>18</td><td>人文景观</td><td>省级</td></tr>
<tr><td>天峻山</td><td>天峻县</td><td>90</td><td>自然景观</td><td>省级</td></tr>
<tr><td>乐都药草台</td><td>乐都区</td><td>33</td><td>人文景观</td><td>省级</td></tr>
<tr><td>天境祁连</td><td>祁连县</td><td>96.50</td><td>自然景观</td><td>省级</td></tr>
<tr><td>海晏金银滩</td><td>海晏县</td><td>41</td><td>自然景观、人文景观</td><td>省级</td></tr>
<tr><td rowspan="6">青海省森林公园</td><td>北山</td><td>互助县</td><td>1 127.23</td><td>原始生态林区</td><td>国家级</td></tr>
<tr><td>仙米</td><td>门源县</td><td>1 480.25</td><td>原始生态林区</td><td>国家级</td></tr>
<tr><td>南门峡</td><td>互助县</td><td>220</td><td>森林生态和自然景观</td><td>省级</td></tr>
<tr><td>上北山</td><td>乐都区</td><td>399.60</td><td>森林生态和自然景观</td><td>省级</td></tr>
<tr><td>黑河大峡谷</td><td>祁连县</td><td>238.29</td><td>森林生态和自然景观</td><td>省级</td></tr>
<tr><td>松多</td><td>互助县</td><td>104.93</td><td>森林生态和自然景观</td><td>省级</td></tr>
<tr><td rowspan="4">湿地公园</td><td>布哈河</td><td>天峻县</td><td>71.34</td><td>河流</td><td>国家级</td></tr>
<tr><td>黑河源</td><td>祁连县</td><td>639.36</td><td>河流</td><td>国家级</td></tr>
<tr><td>南门峡</td><td>互助县</td><td>12.17</td><td>水库</td><td>国家级</td></tr>
<tr><td>乐都大地湾</td><td>乐都区</td><td>6.10</td><td>河流</td><td>国家级</td></tr>
<tr><td rowspan="3">水产种质资源保护区</td><td>青海湖裸鲤</td><td>刚察县、海晏县</td><td>33 933</td><td>青海湖裸鲤、甘子河裸鲤、硬刺条鳅、斯氏条鳅、背斑条鳅、隆头条鳅</td><td>国家级</td></tr>
<tr><td>大通河特有鱼类</td><td>海北州</td><td>7 093.90</td><td>拟鲇高原鳅、厚唇裸重唇鱼、花斑裸鲤和黄河裸裂尻鱼</td><td>国家级</td></tr>
<tr><td>黑河特有鱼类</td><td>祁连县</td><td>10 000</td><td>祁连裸鲤、东方高原鳅、黄河裸裂尻鱼、长身高原鳅、修长高原鳅、河西叶尔羌高原鳅</td><td>国家级</td></tr>
</table>

《青海省生物多样性保护战略与行动计划（2016—2030年）》中确定了祁连山区8个生物多样性重点保护的关键区域，分别为青海湖、党河—哈拉湖、黑河源、三河源、油葫芦沟、黄藏寺—芒扎、石羊河、仙米8个地区（图4-50）。

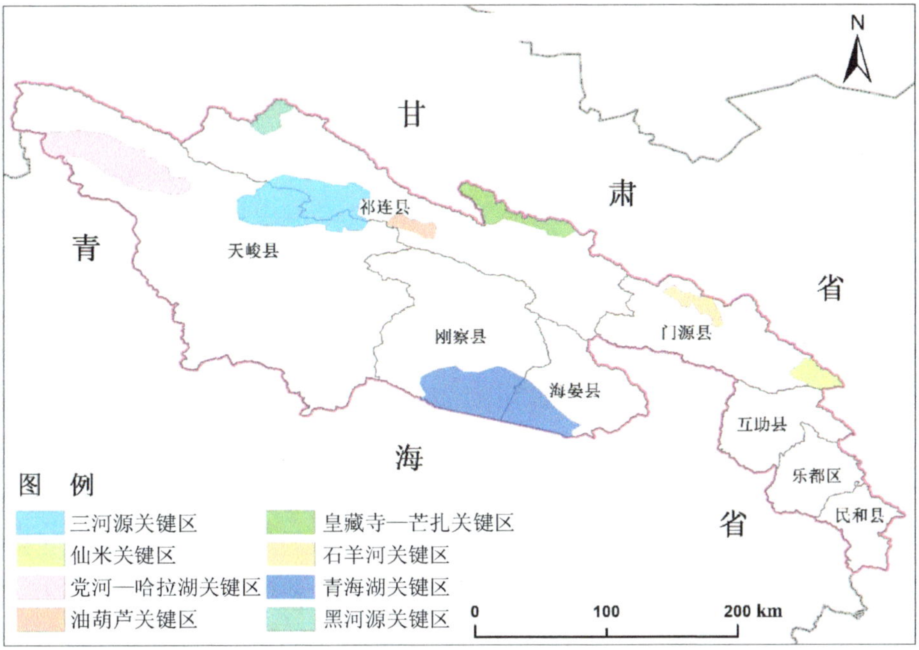

图 4-50　青海省祁连山区生物多样性重点保护关键区分布

（1）青海湖关键区

青海湖关键区为青海湖国家级自然保护区，总面积为 4 952 km^2。青海湖湖面海拔 3 194.3 m，周长 365 km，湖面面积为 4 440.8 km^2，是我国最大、世界第二大的内陆咸水湖，青海湖鸟岛于 1992 年经联合国教科文组织批准被列入关于特别是作为水禽栖息地的国际重要湿地公约，并被列入国际重要湿地名录，是我国七大国际重要湿地之一。青海湖是高原湖区鸟群集中繁衍生息的重要场所，也是候鸟迁徙的中转站。据统计，约有 16 目，43 科，222 种，约 30 万只鸟类在这里生存繁衍，如保护区内的泉湾是国家一级保护动物黑颈鹤的栖息、繁殖区，国家二级保护动物大天鹅的越冬地。青海湖国家级自然保护区及其周边地区共有兽类 15 科，36 种，占全省兽类总数的 1/4，其中包括分布于青海湖周边沙地与草地生态交错地带的、国家重点保护动物、极危物种—普氏原羚。另外，青海湖有两栖爬行类 5 种，鱼类 8 种，其中，湖内盛产青海湖裸鲤（俗称湟鱼）。保护对象主要为青海湖湖体及其环湖湿地等脆弱的高原湖泊湿地生态系统，在青海湖栖息、繁衍的野生动物，尤其重要的是珍稀濒危动物—普氏原羚、国家一级保护动物黑颈鹤、国家二级保护动物大天鹅。

（2）党河—哈拉湖关键区

党河—哈拉湖关键区包括祁连山自然保护区团结峰、党河源保护 2 个保护分区和德令哈哈拉湖流域，总面积为 3 475.74 km^2。祁连山自然保护区团结峰保护分区位于疏勒南山北坡，疏勒河南岸。疏勒南山为中祁连隆起带的南缘，是祁连山系中最高且最主要的一列山脉，总面积为 1 943.87 km^2，核心区面积为 1 212.34 km^2。疏勒南山深大断裂发育，山地南陡北缓，是祁连山系中现代冰川最发育的一条山脉，共有 14 条山谷冰川，冰舌下伸到海拔 4 600 m 处，形弧形终碛缓丘。党河源保护分区位于德令哈市戈壁乡西北部，保护分区总面积为 1 531.87 km^2，其中核心区面积为 538.86 km^2，党河南山以北，海拔最高为 5 216 m，最低为 4 200 m。海拔 4 500 m 以上地区积雪终年不化，孕育着现代冰川。在冰川寒冻的剥蚀风化作用下，形成以风化碎石为主体的表面覆盖，植被稀少，在河流两岸平缓地带有少量水草，人为活动稀少。区内野生动物种类较多，兽类主要有野牦牛、野驴、藏原羚、岩羊、雪豹、熊、白唇鹿、麝、狼、旱獭、豺、狐狸等；鸟类有雪鸡、蓝马鸡、鹰、秃鹫等。德令哈哈拉湖是青藏高原内陆流域一个大型咸水湖，是青海第二大湖泊。湖泊面积为 593.2 km^2，湖水面海拔为 4 077 m。哈拉湖主要植被为芨芨草、猪毛蒿、阿尔太针茅、冰草等高原草甸植被，是湿地鸟类、雁鸭类、鹬类和鸥类的重要繁殖地，湖中水生生物状况尚待调查。湖区也是野驴、野牦牛、白唇鹿、盘羊、藏原羚和棕熊等野生动物的主要栖息地，尚未成为任何形式的保护地。

（3）黑河源关键区

黑河源关键区为祁连山自然保护区黑河源保护分区，位于祁连县西北部野牛沟乡，保护分区总面积为 304.38 km^2，其中核心区面积为 137.38 km^2。黑河是祁连山内陆主要水系之一，是仅次于塔里木河的全国第二大内陆河，跨青海、甘肃、内蒙古 3 省（区），河源有冰川、积雪、河谷、有沼泽、草地、山岭、阳坡有原始森林覆盖，植被较好，水土流失轻微。另外，黑河流域有广阔的草原牧场，可开垦的肥沃荒地，有种类繁多的野生珍稀动物。区内野生动物有野牦牛、盘羊、白唇鹿、马鹿、岩羊、雪鸡等，野生药用植物有雪莲、大黄等。主要保护对象为湿地。

（4）三河源关键区

三河源关键区为祁连山自然保护区三河源保护分区，总面积为 2 389.52 km^2，其中核心区面积为 979.83 km^2。三河源是指托勒河源、疏勒河源和大通河源，三河源区内野生动物有盘羊、白唇鹿、岩羊、马鹿、藏原羚、旱獭、鹰、雕、蓝马鸡、雪鸡、青海湖裸鲤（俗称湟鱼）等。同时还有种类繁多的高原昆虫和其他小爬行类动物，动物种类丰富，主要保护对象为湿地。

（5）油葫芦沟关键区

油葫芦沟关键区为祁连山自然保护区油葫芦沟保护分区，位于祁连县野牛沟乡油葫芦沟中，总面积为 276.44 km^2，其中核心区面积为 43.29 km^2。油葫芦沟因沟口狭窄，中上部宽阔，由于形似葫芦而得名。沟内水资源丰富，油葫芦沟河长为 34.6 km，集水面积为 342.5 km^2，出沟后注入黑河。由于独特的地理环境和丰富的自然资源，非常适合野生动植物的繁衍生息。主要野生动物有野牦牛、野驴、盘羊、白唇鹿、马鹿、岩羊、雪豹、麝、熊、雪鸡等。珍贵药用植物有雪莲、大黄、黄芪等。

（6）黄藏寺—芒扎关键区

黄藏寺—芒扎关键区为祁连山自然保护区黄藏寺—芒扎保护分区，总面积为 717.81 km^2，其中核心区面积为 297.92 km^2。黄藏寺—芒扎保护分区主要包括祁连县林场的黄藏寺营林区和芒扎营林区。植被主要是青海云杉纯林、祁连圆柏疏林、杨树林，灌木有金露梅、高山柳、鲜革花、鬼叶锦鸡儿、红柳、沙棘、花楸、野蔷薇、水柏枝、枸子等；地被有针藓、羽藓、苔草、马先蒿、禾本科、莎草科、蓼科、豆科、菊科、毛茛科、虎耳草科、龙胆科及高山唐松草科等。

（7）石羊河关键区

石羊河关键区为祁连山自然保护区石羊河保护分区，位于门源县北部的冷龙岭和岗什卡两座高峰的北坡，总面积为 349.9 km^2，其中核心区面积为 146.23 km^2。石羊河源保护分区内冷龙岭冰川是我国分布最东段的现代冰川发育区。冰川总面积为 81 km^2，储水量为 26.768 亿 m^3，融水量为 0.774 25 亿 m^3，年径流量为 6.642 5 亿 m^3。近年来，由于受全球气候变暖和过度放牧等因素的影响，冰川末端上升很快，严重影响到冰川储量，从而影响了本区永安河、老虎沟河、初麻沟河等外流河的水量供给。同时，还影响到了祁连山内陆水系宁缠河、清阳河、水管河等 8 条河流的补给，以及甘肃省境内的东大河、西营河的水流量。因此保护冷龙岭冰川，不仅关系到门源县祁连山北坡大面积夏季草场的安危，同时也关系到甘肃省河西走廊的水量供给，其生态意义十分重大。区内分布有雪豹、雪鸡、白唇鹿、岩羊等野生动物和丰富的高寒植物种群。

（8）仙米关键区

仙米关键区为祁连山自然保护区仙米保护分区，位于门源县东部的仙米乡，总面积为 430.20 km^2，其中核心区面积为 298.99 km^2。保护区地质构造属祁连山系，系多次造山运动而形成的复式皱波断块地段，具有高山峡谷地貌特征。区内植被主要有青海云杉、桦木、山杨等乔木混交林，金露梅、忍冬、高山柳、花楸等灌木林和莎草科、蓼科、禾本科草类，主要保护对象为水源涵养林。

项目组植物物种多样性本底调查结果显示，祁连山地区植物共计 89 科，440 属，1 414 种。其中裸子植物 20 种，被子植物 1 394 种。其中国家Ⅰ级保护物种有发菜（Nostoc flagelliforme）和大花杓兰（Cypripedium macranthos）等植物，国家Ⅱ级保护物种有青海云杉（Picea crassifolia）、中麻黄（Ephedra intermedia）、手参（Gymnadenia conopsea）、四裂红景天（Rhodiola quadrifida）、狭叶红景天（Rhodiola kirilowii）、对叶红景天（Rhodiola subopposita）等 30 余种。其中，大花杓兰、手参、雪莲、羽叶三七等植物为濒危植物，甘肃贝母、高山锦鸡儿、鬼臼、红景天、华北落叶松、鸡爪大黄、山罂粟、锁阳、唐古红景天、无芒披碱草、樟子松等为易危物种。

祁连山区有哺乳动物中国特有种普氏原羚、甘肃鼠兔、红耳鼠兔，国家Ⅰ级保护动物有林麝、梅花鹿、普氏原羚、雪豹、白唇鹿、野牦牛、西藏野驴、坡鹿、马麝、黑鹳等。国家Ⅱ级保护物种有豺、猞猁、水獭、藏原羚、黑熊、亚洲黑熊、棕熊、马鹿、岩羊、雪鸡、鹅喉羚、荒漠猫等。其中，中国生物多样性红色名录中受威胁极威物种有梅花鹿、普氏原羚、马麝、荒漠猫，濒危物种有雪豹、白唇鹿、豺、猞猁、水獭、藏原羚、石貂、野猫等，易危动物有黑鹳、黑熊、亚洲黑熊、棕熊、艾虎、飞鼠、狼、艾鼬、豹猫等（表 4-23）。

青海省祁连山区生物生境以草甸和草原生态系统为主，气候寒冷，具有明显的垂直分布变化和生境的差异，与生物资源丰富的亚热带森林生态系统相比，祁连山区生物多样性相对贫乏且脆弱，生物多样性指数普遍不高。利用生物多样性指数对祁连山区生物多样性保育的实物量进行核算（表 4-24）。青海省祁连山区 8 个县（区）的生物多样性指数都低于 30，互助县相对最高，海晏县相对最低。

表 4-23 青海省祁连山区国家级和省级重点保护动物名录

类别	种名与学名	保护级别	分布		
			海西	海北	海东
鸟类	黑颈䴙䴘	○		√	
	白鹈鹕	II		√	
	普通鸬鹚	○	√	√	
	苍鹭	○			√
	灰雁	○	√	√	
	斑头雁	○	√	√	
	大天鹅	II	√	√	
	疣鼻天鹅	II	√	√	
	赤麻鸭	○	√	√	
	翘鼻麻鸭	○		√	
	斑嘴鸭	○			√
	鸢	II	√	√	√
	雀鹰	II			√
	大鵟	II	√	√	√
	普通鵟	II		√	
	金雕	I		√	√
	白肩雕	I		√	
	草原雕	II		√	
	玉带海雕	I	√	√	
	秃鹫	II		√	√
	胡兀鹫	I		√	
	高山兀鹫	II		√	√
	白尾鹞	II		√	√
	鹗	II		√	√
	猎隼	II		√	√
	游隼	II	√		
	燕隼	II		√	√
	红隼	II		√	√

类别	种名与学名	保护级别	分布		
			海西	海北	海东
鸟类	灰背隼	II		√	
	斑尾榛鸡	I		√	√
	暗腹雪鸡	II	√	√	
	藏雪鸡	II	√	√	
	红喉雉鹑	II		√	√
	血雉	II		√	√
	蓝马鸡	II		√	√
	环颈雉	○	√	√	√
	灰鹤	II	√	√	
	黑颈鹤	I	√	√	
	蓑羽鹤	II	√		
	大鸨	I		√	
	鱼鸥	○	√	√	
	棕头鸥	○	√	√	
	毛腿沙鸡	○	√		
	西藏毛腿沙鸡	○	√	√	
	雕鸮				
	长耳鸮	II		√	√
	纵纹腹小鸮	II		√	
	戴胜	○	√	√	√
	蚁䴕	○	√		√
	灰头绿啄木鸟	○			√
	黑啄木鸟	○		√	
	大斑啄木鸟	○		√	√
	三趾啄木鸟	○		√	
	长嘴百灵	○	√	√	√
	蒙古百灵	○		√	
	（亚洲）短趾百灵	○	√	√	
	大短趾百灵	○	√		√
	细嘴短趾百灵	○	√	√	
	小云雀	○	√	√	√
	角百灵	○	√	√	√

类别	种名与学名	保护级别	分布		
			海西	海北	海东
兽类	沙狐	○	√		
	豺	Ⅱ	√	√	√
	赤狐	○	√	√	√
	藏狐		√	√	
	棕熊	Ⅱ	√	√	√
	石貂	Ⅱ	√	√	√
	香鼬	○	√	√	√
	黄鼬	○			√
	艾虎	○	√	√	√
	水獭	Ⅱ		√	
	豹猫	○		√	√
	荒漠猫	Ⅱ	√	√	√
	兔狲	Ⅱ	√	√	√
	猞猁	Ⅱ	√	√	√
	雪豹	Ⅰ	√	√	√
	藏野驴	Ⅰ	√	√	
	马麝	Ⅰ	√	√	√
	野骆驼	Ⅰ	—		
	白唇鹿	Ⅰ	√	√	
	马鹿	Ⅱ	√	√	√
	狍	○	√	√	√
	野牦牛	Ⅰ	√	—	
	藏原羚	Ⅱ	√		
	普氏原羚	Ⅰ		√	
	鹅喉羚	Ⅱ	√		
	藏羚	Ⅰ	√		
	斑羚	Ⅱ		—	
	盘羊	Ⅱ	√		
	岩羊	Ⅱ	√	√	√
	麝鼠	○	√		

注：表中国家一级、二级、省级分别以“Ⅰ、Ⅱ、○”来表示；确定有分布的用“√”表示；历史上有分布或文献记载，但现在没有分布的用“—”表示。

数据来源：《青海省生物多样性保护战略与行动计划（2016—2030年）》。

表 4-24 青海省祁连山区生物多样性综合评价

县（区）名	物种数			归一化		特有种				受威胁物种				生态系统类型		BI
	植物	动物	总合	植物	动物	植物	动物	特有性	归一化	植物	动物	受胁丰富度	归一化	个数	归一化	
天峻县	210	37	247	5.7	5.8	210	18	0.043	14.0	3	11	0.009	5.77	32	25.8	11.4
祁连县	733	44	777	20.0	6.9	733	30	0.124	40.3	1	20	0.016	10.10	19	15.3	18.5
刚察县	274	163	437	7.5	25.7	274	30	0.061	19.9	1	9	0.007	4.59	16	12.9	14.1
门源县	689	57	746	18.8	9.0	689	29	0.117	38.1	10	26	0.022	13.89	18	14.5	18.9
海晏县	237	54	291	6.5	8.5	237	20	0.048	15.7	0	10	0.008	5.01	15	12.1	9.6
互助县	810	179	989	22.1	28.2	810	36	0.139	45.3	10	33	0.027	17.40	15	12.1	25.0
乐都区	686	28	714	18.7	4.4	686	14	0.105	34.1	1	8	0.006	4.09	14	11.3	14.5
民和县	592	44	636	16.2	6.9	592	13	0.091	29.7	2	3	0.003	1.68	11	8.9	12.7

4.4.2 价值量

基于生物多样性指数，结合 Shannon-Wiener 指数等级划分及单位面积保育机会成本（表 4-25）对祁连山区生物多样性进行保育价值核算。2011 年、2015 年和 2017 年祁连山区生物多样性保育价值分别为 283.9 亿元、376.1 亿元和 379.8 亿元，分别占祁连山区生态系统服务价值的 6.6%、8.9%和 8.2%。天峻县由于物种丰富，且草地生态系统面积大，其保育价值相对较高，2011 年、2015 年和 2017 年分别为 107.8 亿元、141.5 亿元和 142.9 亿元，占总保育价值的比重在 37.6%左右。民和县、乐都区和海晏县因草地、湿地和森林面积相对较小，导致生态系统保育价值相对较低。2011 年、2015 年和 2017 年民和县生物多样性保育价值分别为 5.4 亿元、7.3 亿元和 7.4 亿元（图 4-51）。

表 4-25 青海省祁连山区 8 个县（区）生物多样性指数对应的单位面积保育价值

县（区）名	BI	Shannon-Wiener 指数等级	2011 年单位面积价值/亿元	2015 年单位面积价值/亿元	2017 年单位面积价值/亿元
天峻县	11.4	1<I<2	5 000	6 680	6 747
祁连县	18.5	1<I<2	5 000	6 680	6 747
刚察县	14.1	1<I<2	5 000	6 680	6 747
门源县	18.9	1<I<2	5 000	6 680	6 747
海晏县	9.6	0<I<1	3 000	4 010	4 050
互助县	25.0	2<I<3	10 000	13 350	13 484
乐都区	14.5	1<I<2	5 000	6 680	6 747
民和县	12.7	1<I<2	5 000	6 680	6 747

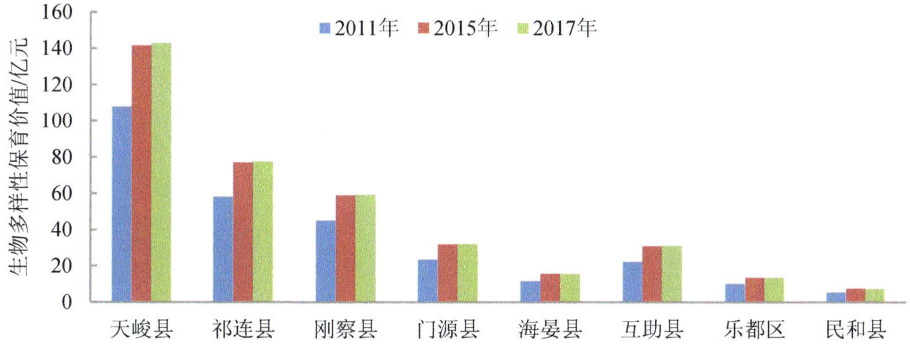

图 4-51 青海省祁连山区生物多样性保育价值

4.5 文化服务核算

4.5.1 景区分析

祁连山区地域辽阔、资源富集、山川壮丽、民风淳朴、民族文化源远流长。祁连山区是作曲家王洛宾名曲《在那遥远的地方》诞生之地，有中国最美的湖——青海湖，有中国最美六大草原之一门源百里油菜花海，举世瞩目的青藏铁路、青藏公路和丝绸之路南线和唐蕃古道都途经于此。祁连山地区拥有世界上最大面积的高寒湿地、高寒草原、灌丛和森林等生态系统，是中国生物物种形成和演化的中心之一，是世界生态的独特之地，被联合国教科文组织誉为世界四大无公害超净区之一。

在本项目核算范围中，海晏县境内有青海湖沙岛、金银滩草原、原子城、西海古郡等景点。门源县西部是祁连山金牧场和环湖地区海拔最高的岗什卡雪峰，中部是国家 4A 级旅游景区百里油菜花海，东部是仙米国家森林公园，其间还有卡约、辛店文化遗址。百里油菜花海先后荣获“中国最美油菜花海”“全球十大绝美花海”等称号，门源县成功入选“中国最美的十佳乡村（小镇）”。祁连县境内有祁连山草原、国家 4A 级旅游景区——“祁连风光”、中国百座避暑名山——牛心山、黑河大峡谷、亚洲最大的半野生鹿驯养基地、阿咪东索、八一冰川、卓尔山等旅游景点。刚察县的旅游资源有青海湖、闻名遐迩的鸟岛、普氏原羚自然保护区、青海湖祭海台、五世达赖泉、仙女湾景区、湟鱼家园景区、舍布齐岩画等景观。

根据青海省旅游统计资料进行分析，确定进行评估的自然资源和生态资源景点，见表 4-26。

根据青海省旅游局编制的《青海省旅游统计便览 2017》祁连山区 A 级景区的属性特征，确定各县自然资源和生态资源文化服务功能的比例，见表 4-27。

表 4-26　青海省祁连山区自然资源和生态资源名单

青海湖景区	上北山省级森林公园
民和县药泉山旅游景区	药草台景区
民和县天井峡—松山原始森林风景区	水峡景区
青海金银滩景区	石沟寺景区
互助县北山国家地质森林公园	乐都区杨宗林场旅游区
门源百里油菜花海景区	乐都区农业示范区旅游景区
祁连风光旅游景区	民和县永录康格达景区
刚察县高原海滨藏城景区	天峻县神湖之源旅游风景区
民和县金三川民俗风情游览区	民和县七里寺景区

表 4-27　青海省祁连山区各乡镇自然资源和生态资源文化服务功能比例

县（区）名	自然资源文化服务价值比例/%
刚察县	100
海晏县	100
门源县	100
祁连县	100
天峻县	100
互助县	70.6
民和县	70.6
乐都区	70.6

4.5.2　实物量核算

祁连山区的旅游文化服务价值的实物量主要体现在旅游人口数，依据青海省旅游局编制的《青海省旅游统计便览 2011》《青海省旅游统计便览 2015》和《青海省旅游统计便览 2017》中祁连山区 2010—2017 年旅游人口数，得到祁连山区由自然资源和生态系统带来的文化服务实物量，见表 4-28。

表 4-28 青海省祁连山区各县文化服务实物量 单位：万人

县（区）名	2010 年	2011 年	2012 年	2013 年	2014 年	2015 年	2016 年	2017 年
刚察县	78.33	94.00	111.69	148.79	187.93	212.11	244.49	287.57
海晏县	78.33	94.00	111.69	148.79	187.93	212.11	244.49	287.57
门源县	39.17	47.00	55.85	74.39	93.97	106.06	122.25	143.79
祁连县	39.17	47.00	55.85	74.39	93.97	106.06	122.25	143.79
天峻县	39.96	45.82	54.67	66.68	79.55	92.41	158.13	196.65
互助县	17.53	20.92	24.19	28.27	31.44	34.81	40.09	48.38
民和县	34.91	41.66	48.17	56.30	62.62	69.33	79.85	96.34
乐都区	96.10	114.70	132.61	155.00	172.40	190.88	219.83	265.25

随着景区建设的不断完善，近年来祁连山区开展了多种形式的宣传活动，来积极开发以自然生态与人文精神完美结合的自然景观，将草原、雪山、瀑布、峡谷、动植物“五大景观”连点成线，打造集度假、休闲、娱乐、体验、探险和综合性为一体的王牌景区。祁连县本着“保护优先、适度开发、生态旅游、可持续发展”的原则，为省内外游客营造了整洁、舒适的人居环境、旅游环境，综合服务功能从根本上得到提升。

2010—2017 年，祁连山区各县的文化服务实物量都呈增长趋势，其中海西州的天峻县实物量增长速度最快，2017 年相对比 2010 年增长将近 4 倍，海东市的互助县、民和县和乐都区实物量增长速度相对较慢，2017 年比 2010 年增长 3/4。

祁连山区覆盖的 8 个县（区）中，海东市的乐都区和海北州的刚察县及海晏县每年的文化服务实物量所占比例都是最大的，各占全区域的 1/5，其中海东市的乐都区所占比例逐年略有降低，海北州的刚察县和海晏县两个县所占比例逐年略有上升。海东市的互助县和民和县两个县文化服务实物量比例相对较低。

4.5.3 价值量核算

祁连山区的旅游文化服务价值的实物量主要体现在旅游收入，依据青海省旅游局编制的《青海省旅游统计便览 2011》《青海省旅游统计便览 2015》和《青海省旅游统计便览 2017》中祁连山区 2011 年、2015 年和 2017 年旅游收入，计算得到祁连山区各县 2010—2017 年生态系统文化服务价值量，见表 4-29。

表 4-29 青海省祁连山区各县文化服务价值量 单位：亿元

县（区）名	2010 年	2011 年	2012 年	2013 年	2014 年	2015 年	2016 年	2017 年
刚察县	0.97	1.26	1.70	2.81	4.25	5.51	6.82	8.87
海晏县	0.97	1.26	1.70	2.81	4.25	5.51	6.82	8.87
门源县	0.48	0.63	0.85	1.41	2.12	2.76	3.41	4.44
祁连县	0.48	0.63	0.85	1.41	2.12	2.76	3.41	4.44
天峻县	0.86	1.26	1.99	2.69	3.58	4.52	8.29	12.29
互助县	0.24	0.34	0.53	0.71	0.94	1.19	1.48	1.86
民和县	0.47	0.68	1.05	1.41	1.86	2.36	2.96	3.71
乐都区	1.30	1.87	2.90	3.89	5.13	6.51	8.14	10.21
合计	5.77	7.93	11.57	17.14	24.25	31.12	41.33	54.69

青海省逐步推进点、线、面相结合的区域旅游一体化共生体系，最终形成以重点旅游景区为核心，以旅游中心城市为依托，以交通、通信、能源等综合运输管道干线为骨架，以产业为发展纽带，辐射带动沿线各景点的发展，对旅游景点、旅游城市、旅游线路进行有机整合，极大地促进了祁连山区的旅游产业发展。近几年各县根据各地域特点做文章，坚持“人无我有，人有我优”的原则，把旅游资源开发为具有独特性甚至是唯一性的旅游产品。例如，门源围绕北方最大的小油菜基地优势，竭力做“花”的文章，祁连县全力打造“天境祁连”“中国最美丽的草原——祁连山草原”“祁连山下好牧场”等原生态概念旅游品牌，重点做祁连山草原、卓尔山景区、牛心山石林奇观、祁连林海、黑河大峡谷 5 篇文章。刚察县围绕沙柳河景区做“水”的文章，海晏县围绕沙岛、金沙湾等资源优势做“沙”的文章，因此，其文化服务价值量都得到了明显提升。

2010—2017 年，祁连山区各县的文化服务价值量都呈增长趋势，其中海北州 4 县的文化服务价值总和最高，海西州的天峻县价值量增长速度最快，2017 年相对比 2010 年增长了将近 14 倍，海东市的互助县、民和县和乐都区价值量增长速度相对较慢，2017 年比 2010 年增长了 7 倍左右。

4.6 分行政区域的生态服务功能核算

2011 年、2015 年和 2017 年，青海省祁连山区的生态系统服务功能价值总量分别为 3 610.23 亿元、3 882.42 亿元和 4 207.60 亿元，2011—2017 年逐渐增加（表 4-30 和图 4-52）。各县对比来看，天峻县由于面积大且草地分布广阔，生态系统服务价值量明显高于其他县（区），其在祁连山区总价值量的占比都超过 40%，2011 年比例达到 44.07%；其次是祁连县，其占比在 27%左右；而民和县、乐都区和互助县价值总量始终较低，但 3 个县（区）都显示出增加的趋势。

表 4-30 青海省祁连山区各县生态系统服务功能价值量 单位：亿元

县（区）名	2011 年	2015 年	2017 年
天峻县	1 590.96	1 634.95	1 718.68
祁连县	987.29	1 023.40	1 157.47
刚察县	430.06	428.28	463.54
门源县	265.13	320.71	342.28
海晏县	128.31	195.88	214.59
互助县	97.38	134.98	150.69
乐都区	60.52	84.71	92.90
民和县	50.58	59.51	67.45
总计	3 610.23	3 882.42	4 207.60

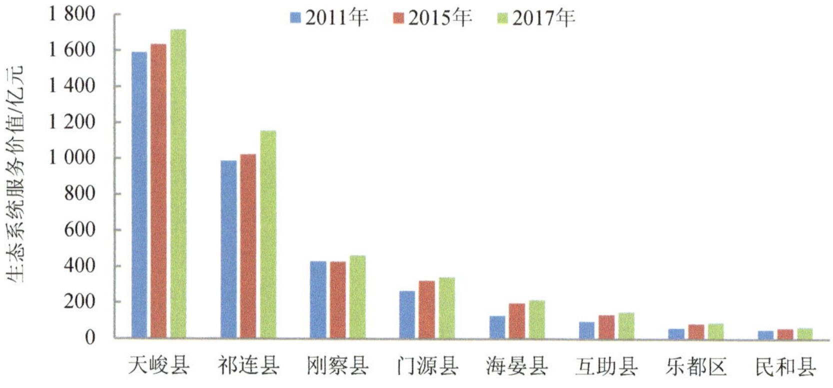

图 4-52 青海省祁连山区各县生态系统服务功能价值量

从三大服务类型来看，青海省祁连山区的调节服务明显高于供给服务和文化服务，2011—2017 年调节服务价值量均超过 3 500 亿元，而其他两种服务均不足百亿元，尤其文化服务在 2011 年仅为 7.93 亿元。调节服务在 2011—2017 年呈现出增加的趋势，2011—2017 年增加了 512.70 亿元；而供给服务和文化服务均呈现出增加的趋势，尤其文化服务增加幅度更大，2017 年的文化服务是 2011 年的 7 倍，祁连山区在旅游产业开发方面取得了可观成就（表 4-31 和图 4-53）。对于各县来说，天峻县依然一枝独秀，主要是由其调节功能的价值量贡献，三期调节服务价值量都明显高于其他县市，排在第二位的祁连县每年与天峻县的差距都超过 500 亿元；在供给服务方面，祁连县、互助县和乐都区更为突出，尤其是农产品和畜产品较为丰富的互助县和乐都区，而祁连县则主要是畜产品的供给比较大；对于文化服务，各县均采取了较大促进措施，都处于增加趋势，天峻县和乐都区增长最为明显，2017 年均超过了 10 亿元。

表 4-31　青海省祁连山区各县（区）各类型生态系统服务功能价值量　单位：亿元

	供给服务			调节服务			文化服务		
县（区）名	2011 年	2015 年	2017 年	2011 年	2015 年	2017 年	2011 年	2015 年	2017 年
天峻县	2.77	3.75	4.31	1 586.93	1 626.68	1 702.08	1.26	4.52	12.29
祁连县	13.65	16.22	15.26	973.01	1 004.43	1137.77	0.63	2.76	4.44
刚察县	1.14	1.43	1.49	427.66	421.35	453.17	1.26	5.51	8.87
门源县	4.21	4.95	5.72	260.29	313.00	332.12	0.63	2.76	4.44
海晏县	1.64	2.02	1.99	125.41	188.35	203.73	1.26	5.51	8.87
互助县	16.34	27.96	30.80	80.70	105.83	118.03	0.34	1.19	1.86
乐都区	10.89	18.62	20.51	47.76	59.58	62.18	1.87	6.51	10.21
民和县	9.57	16.37	18.03	40.33	40.78	45.71	0.68	2.36	3.71
总计	60.21	91.32	98.11	3 542.09	3 759.90	4 054.89	7.93	31.11	54.69

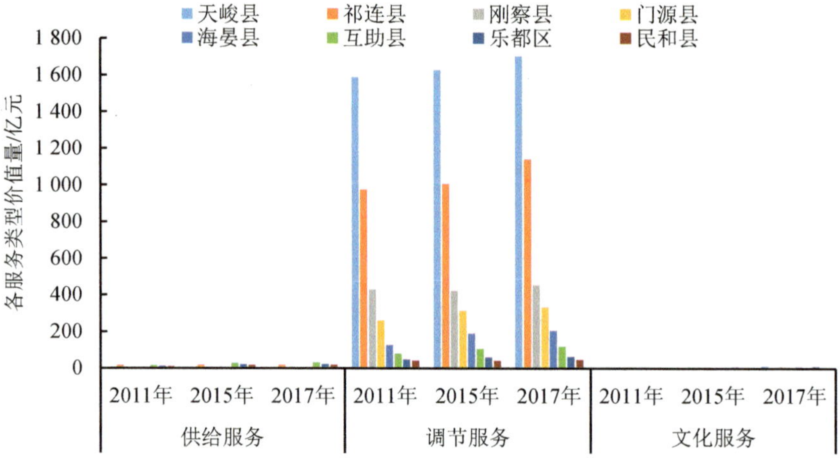

图 4-53　青海省祁连山区各县（区）各类型生态系统服务功能价值量

第5章

青海省祁连山区生态系统服务价值核算综合分析

5.1 青海省祁连山区生态系统服务价值较高，是GDP的12倍左右

祁连山区位于青海省东北部，拥有丰富的冰川、雪山、森林、湿地和草地资源，其丰富的水资源是甘肃河西走廊乃至内蒙古额济纳旗及青海省东北部百万亩农田的用水来源，也是区内数千亩森林和草地的水资源源泉，是我国西部重要的生态屏障，是黄河流域重要水源产流地和我国生物多样性保护优先区域。经核算，祁连山区2011年、2015年和2017年生态系统价值分别为3 610.2亿元、3 882.4亿元和4 207.6亿元，2017年比2011年提高16.5%；同期，2017年祁连山区GDP比2011年增长53%，2011年、2015年和2017年祁连山区生态系统价值与GDP的比值分别为14.4、11.1和11。祁连山区2011年、2015年和2017年人均生态系统服务价值分别为26.2万元/人、27.5万元/人和29万元/人，单位面积生态系统服务价值分别为0.05亿元/km^2、0.06亿元/km^2和0.06亿元/km^2。通过对已掌握的不同区域研究结果的梳理（表5-1），发现祁连山区人均生态系统服务价值仅次于武夷山市，高于其他省、市和全国平均水平。2017年，全国人均生态系统服务价值为5.3万元/人，祁连山区人均生态系统服务价值是全国平均水平的5.5倍。

表 5-1　不同地区生态系统服务价值核算结果对比

地区	年份	生态系统服务价值/亿元	人均生态系统生产总值/（万元/人）	单位面积生态系统生产总值/（亿元/km²）
祁连山区	2017	4 207.60	29.00	0.06
武夷山	2015	2 219.90	96.60	0.79
厦门	2015	1 210	3.13	0.71
南平	2015	6 202.60	19.40	0.24
贵州	2010	20 013.46	5.75	0.11
昆明	2003	248.75	0.50	0.01
青海省	2012	7 300.77	12.74	0.01
福州	2007	743.82	1.68	0.06
重庆	2010	4 621.18	1.60	0.06
全国	2015	728 012.70	5.30	0.08

5.2　青海省祁连山区整体生态环境保持较好

自 2010 年以来，祁连山区不断加强生态环境保护，大力保护和种植森林植被，根据当地土地利用数据统计，森林面积从 2011 年的 7 878.29 km^2 增加到 2017 年的 8 338.65 km^2，其中增加最为明显的是有林地，尤其在 2011—2015 年增加面积超过 1 000 km^2，但灌木林地减少面积较大。植被覆盖度整体呈现“东南高西北低”的态势，且以中高覆盖度为最主要覆盖类型，年际变化总体表现为缓慢增加趋势，导致祁连山区净初级生产力（NPP）具有自东南向西北递减的态势，从 2011 年的 1 270.6 万 t 增长到 2017 年的 1 305.4 万 t，增长 2.73%。随着祁连山区降水量增加和冰川消融，青海省祁连山区湿地面积也呈现小幅增加趋势（图 5-1）。湿地面积由 2011 年的 5 371.4 km^2 增加到 2017 年的 5 586.9 km^2，增加 4%。祁连山区草地、农田等生态系统略有下降。2011—2017 年草地面积下降 2.9%，农田生态系统下降 12.5%。祁连山区已开展以提高水源涵养能力为主要内容的综合治理，进行各种矿山综合绿化治理，保护草原、森林、湿地和生物多样性，扎实推进祁连山水源涵养区等生态安全屏障保护与建设。祁连山扼守丝路咽喉，孕育了敦煌文化，是汉、藏、蒙、哈萨克、裕固等多民族经济、文化交流的重要集聚地，是我国履行作为大国的国际责任，造福“一带一路”沿途国家和人民，共同发展、共享福祉的生态安全屏障。

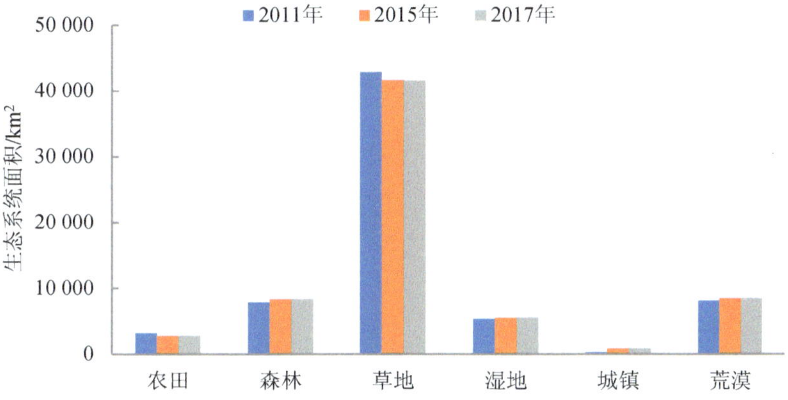

图 5-1　2011 年、2015 年和 2017 年祁连山区生态系统面积

5.3　青海省祁连山区生态系统服务价值空间分布不均

祁连山区生态系统服务价值受各生态环境自然禀赋条件差异的影响，其生态系统服务价值空间分布不均，主要分布在天峻县和祁连县，其生态系统服务价值均在 900 亿元以上，互助县、乐都区和民和县生态系统价值较低，均在 100 亿元以下（图 5-2）。从单位面积生态系统服务价值来看，2017 年天峻县和祁连县单位面积生态系统服务价值分别为 671 万元/km^2 和 832 万元/km^2，高于其他县（区）。从生态系统服务功能来看，天峻县和祁连县气候调节和生物多样性价值较高，2017 年天峻县气候调节和生物多样性价值分别占该县总价值的 77.7%和 8.3%，祁连县气候调节和生物多样性价值分别占该县总价值的 81.4%和 6.7%。天峻县是 8 县（区）当中面积最大的地区，自然风光雄奇壮美、原始独特，素有“骏马之乡”“神湖之源”之美誉，生态系统主要以草地为主，2017 年天峻县草地面积占祁连山区草地总面积的 45.3%。祁连县有青海“北大门”之称，有中国第二大内陆河黑河、黄河一级支流大通河，是河西走廊最重要的水源地，是黄河上游重要的水源涵养地

和甘蒙西部地区重要的生态屏障，具有不可替代的生态地位和生态功能。祁连县森林覆盖率为 14.81%，高出全省平均水平 8.3 个百分点，以青海云杉、祁连圆柏及祁连独有树种小叶杨等为主，是祁连山中段主要的水源涵养林。天峻县和祁连县生物多样性丰富，野生动物最为茂盛，这两个县有大面积的雪豹栖息地，也都成为“祁连山的野牦牛之乡”，生物多样性价值占祁连山区生物多样性价值的 50% 以上。

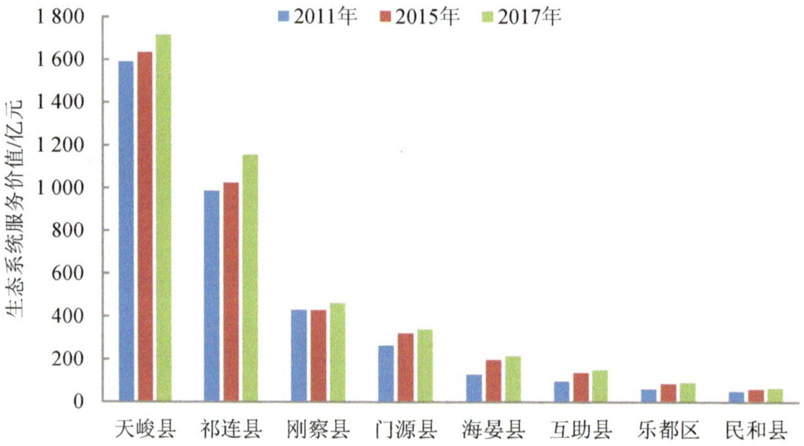

图 5-2　2011 年、2015 年和 2017 年祁连山区不同县（区）的生态系统服务价值

5.4　青海省祁连山区气候调节、水源涵养及生物多样性功能生态价值高

祁连山区从 1980 年就被国务院批准为我国重要水源涵养林区，2010 年，再次将祁连山水源涵养生态功能区确定为全国 25 个重要生态功能区和 35 个生物多样性保护优先区域之一，是我国西部重要的生态安全屏障，是冰川与水源涵养国家重点生态功能区，具有维护青藏高原生态平衡，阻止腾格里、巴丹吉林和库姆塔格 3 个沙漠南侵，维持河西走廊绿洲稳定，以及保障黄河和内陆河径流补给的重要功能。从祁连山区生态系统服务价值具体生态功能指标来看，祁连山区气候

调节、水源涵养、生物多样性保育、防风固沙、土壤保持等服务指标占比相对较高。2011—2017 年气候调节价值由 2 604.6 亿元增长到 3 041.6 亿元，占生态系统服务总价值的 70%左右，其次为生物多样性、水源涵养、土壤保持和防风固沙，2017 年以上 4 项服务功能价值占比分别为 9.03%、6.03%、3.61%和 4.19%。2011—2017 年生物多样性价值逐年提高，由 284 亿元提高到 379.8 亿元，增长 33.8%。祁连山区产品供给服务和文化旅游服务占比仅为 3.63%（表 5-2），如果把产品供给服务和文化旅游服务占比作为“绿水青山”向“金山银山”的转化指数，祁连山区转化指数低，一方面说明祁连山区生态功能突出，另一方面也反映出祁连山区经济相对落后，需要深化拓展创新生态文明建设的思路举措，护美绿水青山、做大金山银山，进一步打通“绿水青山”向“金山银山”的转化通道，不断丰富发展经济和保护生态之间的辩证关系，打造“绿水青山就是金山银山”的全国标杆和示范地。

表 5-2 2011 年、2015 年和 2017 年祁连山区不同生态服务功能价值

分类	二级	生态系统服务价值			比例/%		
		2011 年	2015 年	2017 年	2011 年	2015 年	2017 年
产品供给	产品供给	60.2	91.3	98.1	1.67	2.35	2.33
调节服务	固碳	1.4	1.1	1.6	0.04	0.03	0.04
	释氧	40.8	44.3	43.8	1.13	1.14	1.04
	土壤保持	226.9	247.5	151.8	6.28	6.37	3.61
	防风固沙	183.9	144.9	176.3	5.09	3.73	4.19
	气候调节	2 604.6	2 683.3	3 041.6	72.20	69.10	72.30
	水质净化	5.0	4.7	2.7	0.14	0.12	0.07
	大气净化	1.0	1.0	0.7	0.03	0.02	0.02
	水源涵养	192.4	254.8	253.7	5.33	6.56	6.03
	洪水调蓄	2.1	2.4	2.9	0.06	0.06	0.07
	生物多样性保育	284.0	376.1	379.8	7.87	9.69	9.03
文化服务	文化服务	7.9	31.1	54.7	0.22	0.80	1.30
生态系统价值		3 610.2	3 882.4	4 207.6			

5.5 青海省祁连山区冰川退化明显

祁连山冰川作为山地贮水供水的中心，担负着河西走廊经济社会可持续发展、确保丝绸之路经济带畅通的“固体水库”重任。《青海省冰川冻土现状与变化趋势报告》显示，青海省祁连山二次编目冰川相比一次编目冰川条数减少了 125 条，面积减少了 198.22 km^2；2016 年相比二次编目冰川条数减少了 16 条，面积减少了 23.36 km^2。自古以来，祁连山区在水源涵养、调节气候、保障流域生态安全与可持续发展等方面发挥着极其重要的作用。“雪山千仞、松杉万本、保持水土、涵源吐流”，是史书中对祁连山的水源涵养功能的早期记载。祁连山冰川与水源涵养林位于青藏、蒙新、黄土三大高原交汇地带，基于这种特殊的地理位置所形成的高山冰川、高山灌丛草甸、河流湖泊、高山湿地、草原、森林等地理要素共同组成了复杂的复合生态系统。本研究核算结果显示，2011—2017 年祁连山区冰川面积出现下降，由 593.5 km^2 下降到 486.5 km^2，降幅达 18%，冰川消融导致冰川产流量增加，导致水源涵养能力减弱，冰川生态系统产生的水源涵养服务价值由 2015 年的 161.2 亿元下降到 2017 年的 126.0 亿元。祁连山区冰川、雪线的不断退缩，造成了水源涵养功能的下降，将对祁连山地区的水资源安全、生态平衡、社会经济的可持续发展造成不可逆转的负面效应，直接威胁我国西北地区的水资源安全。

第6章

绿色发展绩效考核制度建议

6.1 青海省绿色发展绩效考核现状

6.1.1 国家与地区绿色发展绩效考核

2008年国际金融危机后，全球加快推进绿色发展，国际社会对绿色发展能够带来经济增长新机遇的基本形成达成共识，一直在为推进绿色发展进行各种政策创新。我国生态文明建设已为国家决策层和全社会高度重视。中共十八届三中全会将生态文明建设作为“五位一体”布局中的一个重要方面，十八届五中全会则将绿色发展作为五大发展新理念之一，党的十九大提出将建设生态文明提升为千年大计。在社会主义现代化高速发展过程中，绿色发展理念和政府工作紧密联系在一起，当中国社会经济、文化和政治已经发展到新时期时，政府绩效考核体系必须进行彻底的变革。以往以经济发展为价值取向的政府绩效评估体系已经不适合当代发展的需求，以绿色发展为价值取向的政府绩效评估体系亟需建立。

全国各地在绿色发展理念下政府绩效考核均提出了一系列的绿色发展绩效考核方式方法，例如云南省生态文明建设“排头兵”、浙江湖州的“生态优市”战略、湖南怀化党政管理绩效评估方案、四川遂宁区域绿色经济指标体系、深圳盐田GDP、GEP双核算双考核实施方案等，都将绿色发展的绩效提升到了对党政领导等主要负责同志直接考核的位置。习近平总书记提出“绿水青山就是金山银山”

“保护生态环境就是保护生产力”，真正将生态文明建设和绿色发展落地实处，确保各类制度体系能够落地，解决我国生态环境保护领域一直存在的“理念先进、行动落后”的问题。青海省作为我国生态大省，祁连山地区各县（区）生态资源丰富，经济发展速度快，增长潜力较大，尽快落实绿色发展转型，对全省甚至全国都具有一定示范作用。

党的十八大以来，党中央、国务院高度重视生态文明建设。2016 年 12 月，中共中央办公厅、国务院办公厅印发了《生态文明建设目标评价考核办法》（以下简称《考核办法》）的通知，并要求各地区各部门结合实际认真贯彻执行。根据《考核办法》要求，生态文明建设目标评价考核实行党政同责、党委和政府领导成员一岗双责，衔接生态文明建设目标评价考核与党政领导生态环境保护目标责任考核。生态文明建设目标评价考核与党政领导生态环境保护目标责任考核衔接，采取评价和考核相结合的方式，实行年度评价、五年考核。

6.1.2 青海省绿色发展绩效考核

《考核办法》印发以来各省、各地区相继印发了对应的生态文明建设目标评价考核办法，各地在中央《考核办法》的基础上调整和修改了考核目标体系，但评价考核制度基本与中央办法要求一致。中共青海省委办公厅、青海省人民政府办公厅于 2017 年 7 月印发了《青海省生态文明建设目标评价考核办法》（试行），对全省两市六州党委和人民政府的生态文明建设目标情况进行了考核，《青海省生态文明建设目标评价考核办法》（试行）共包括 5 章、23 条主要内容。

《青海省生态文明建设目标评价考核办法》（试行）中主要的生态文明建设年度评价内容包括生态文明建设年度评价按照绿色发展指标体系实施，生成各市（州）绿色发展评价结果。绿色发展指标体系由省统计局会同有关部门制定，评价内容可以根据青海省国民经济和社会发展规划纲要以及生态文明建设进展情况进行动态调整。

按照《青海省生态文明建设目标评价考核办法》（试行）规定，2017 年 4 月 14 日，青海省统计局、青海省发展和改革委员会、青海省环境保护厅和中共青海省委组织部联合印发了《青海省绿色发展指标体系》。根据《青海省生态文明建设目标评价考核办法》（试行）规定，年度评价按照《青海省绿色发展指标体系》实施，从资源利用、环境治理、环境质量、生态保护、增长质量、绿色生活、公众满意程度7个方面评估各地区上一年度绿色发展总体情况，引导各地区落实生态文明建设相关工作。年度评价工作包括两部分：一是计算绿色发展指数，即采用《青海省绿色发展指标体系》前6个方面52项评价指标计算各市（州）绿色发展指数，全面客观地反映各市（州）绿色发展成果；二是开展公众生态环境满意度调查，通过组织抽样调查来了解公众对生态环境的主观满意程度，突出反映公众在生态文明建设方面的获得感。

在《青海省生态文明建设目标评价考核办法》（试行）的指导下，各州（市）也相继发布了各地区的生态文明建设目标评价考核办法以及相配套的指标体系。青海省环境保护厅于2018年6月印发了《青海省省级生态文明建设示范区指标》的通知，进一步明确了青海省对生态文明建设示范区的要求，各州（市）和县（区、市）都有了规范性的建设指标作为参考，有力的推动了青海省各地区生态文明建设工作。

6.1.3 主要考核内容和问题分析

《青海省生态文明建设目标评价考核办法》（试行）（以下简称《办法》）对落实生态文明建设，推进绿色发展的顶层设计，对考核内容和目标，考核原则，考核主体和考核对象进行了明确的界定和要求。文件要求青海省应每一年开展绿色发展评价，每5年开展生态文明建设目标考核。随《办法》一起印发的《青海省生态文明建设考核目标体系》按照三类地区考核标准分别制定了三套考核指标：第一类地区为42个指标；第二类地区为41个指标；第三类地区为35个指标。

《青海省生态文明建设目标评价考核办法》（试行）规定了生态文明建设目标考核的主要内容。生态文明建设目标考核的主要内容包括国民经济和社会发展规划纲要中确定的资源环境约束性指标，以及省委、省政府部署的生态文明建设重大目标任务完成情况。目标考核结合国家和青海省环境保护督察、领导干部环境保护责任离任审计、领导干部自然资源离任审计等结果，形成考核报告。考核结果作为各市（州）、县（市、区）党政领导班子和领导干部综合考核评价、干部奖惩任免的重要依据。对生态环境损害明显、责任事件多发地区的党政主要负责人和相关负责人进行生态环境损害责任追究。

《青海省生态文明建设目标评价考核办法》（试行）对考核的协作机制和免责机制也作了详细规定。考核协作机制中应建立生态文明建设目标评价考核协作机制，研究评价考核工作重大问题，提出考核等级划分、考核结果处理等建议。考核免责机制中因重大自然灾害等非人为因素导致有关考核目标未完成的，经主管部门核实后，对有关地区相关考核指标得分进行综合判定。

总体来看，《青海省生态文明建设目标评价考核办法》（试行）落实了国家层面《考核办法》的有关精神，建立起制度体系和考核指标体系，但目前《青海省生态文明建设目标评价考核办法》（试行）仍存在一些问题，距离支撑青海省祁连山地区推动高质量发展、创造高品质生活和坚持生态保护优先的“一优两高”发展战略和推进生态文明建设的相关要求还有一定距离，应结合祁连山区的生态系统价值核算研究结果作进一步完善。

1）评价指标体系与考核指标体系有待优化。根据《考核办法》的相关要求，各省生态文明建设的年度评价应采用各省编制的《绿色发展指标体系》，青海省目前已完成各市（州）2016年和2017年的年度评价，但《青海省绿色发展指标体系》中涉及生态类的评价指标，基本采用国家《绿色发展指标体系》，除去“自然岸线保有率”和“海洋保护区面积”两个指标外，《青海省绿色发展指标体系》中其余8个生态类指标均来自国家《绿色发展指标体系》。对于青海省这一个生态大省来说，仅采用国家推荐评价指标，无法突出青海省当地生态保护和建设的特色。

根据《考核办法》的相关要求，各省生态文明建设考核应采用各省编制的《生态文明建设考核目标体系》。青海省的生态文明建设考核目标体系已作为2017年3月8日印发的《青海省生态文明建设目标评价考核办法》（试行）附件公布。青海省根据省内主体功能定位，自然地域环境的相似性和经济社会发展水平程度实施差别化分类考核，其中西宁市、海东区和海西州为第一类，海北州、海南州为第二类，玉树州、果洛州和黄南州为第三类。实施差别化分类考核具有地方特色且具有公平引导作用，但是比较这三类生态文明建设考核目标体系可以发现一些关键生态类指标缺失，例如，“矿山地质环境恢复治理面积”在第一类生态文明建设考核目标体系中有，但在第二、第三类生态文明建设考核目标体系中缺失。另外，部分指标的赋分及成绩划档方式受主观因素影响较强，不利于考核办法客观、公平的实施。青海省《生态文明建设目标考核指标体系》未能结合生态大省的实际情况，将涉及生态系统生态服务的湿地保护率、陆域自然保护区面积、单位面积净初级生产力等关键指标纳入评价和考核指标体系。

2）评价和考核主体尚待完善。目前实施的年度绿色发展评价和五年生态文明建设目标绩效考核均采取了上级政府评价和考核下级政府的方式。该方法可用于简单的统计和监测指标计算，但是对于更加复杂和偏技术性的指标（如生态系统服务相关指标）仅由政府组织考评，操作起来难度较大，也影响考评结果的公信力和客观性。

3）基于考核结果的奖惩机制有待强化。近年来，虽然生态文明建设目标考核开始受到重视，但因发展理念、考评指标、制度执行、晋升机制及部门协调等多种因素的限制，体现出生态文明要求领导干部绩效考核机制尚待健全。基于生态文明建设目标考核结果的资金、干部任用等奖惩机制亟待强化。

6.2 绿色发展绩效考核制度研究

建议在生态文明建设目标考核和绿色发展年度评价的基础上，对绿色发展绩效高标准严要求，以祁连山地区为试点，建立年度绿色发展绩效考核制度。以生态文明建设目标考核指标为参考，以青海省“一优两高”发展战略为指导思想，结合绿色发展指标体系和生态系统服务价值核算结果，建立一套绿色发展绩效考核指标体系，提出绿色发展绩效指数计算方法。适度扩大考核主体，多元化考核形式和内容，加强考核结果应用，在全省打造可复制、可推广的“祁连山”模式。

6.2.1 考核办法建议

1）建议在生态文明建设评价和考核指标基础上建立绿色发展绩效指标体系，将突出祁连山地区生态特色的指标纳入评价和考核体系，扩大祁连山地区生态环境保护工作成绩的影响力，全面反映祁连山地区生态环境保护工作的进展，为其他地区开展绿色发展绩效和生态文明建设目标评级和考核工作积累经验。

在年度评价、五年考核的国家“规定动作”基础上，增加年度绿色发展绩效工作计划并列入中期评估和年度调度等工作内容。中期评估，主要评估祁连山各市县下辖各乡（镇）五年规划中期生态文明建设各项目标任务的进展情况，督促其加快推进五年规划确定的目标任务。另外应明确各指标的赋分原则和成绩的划档方式，减少考核工作中的主观因素，使有关指标的得分更加客观、公正。尝试将生态系统服务价值核算结果作为领导干部生态文明建设绩效考核的重要依据，也可以作为离任审计的定量指标，并作为流域横向生态补偿的重要参考。

2）建议引入第三方评估机制。在上级考核下级的基础上，对一些技术性强、专业化程度高的评价指标，可以引入具有公信力、客观、公正的第三方或相关领域专家，开展生态文明建设绩效的第三方评估，增强评价考核的科学性、客观性、权威性；对于一些关乎群众获得感的指标，可以组织利益相关方现场听取“考生汇报”，现场无记名打分，使考核过程透明，考核结果客观。

3）加强同级人大对政府的监督作用。不仅强化上级政府对下级政府绿色发展工作的考核，同时要进一步加强地方人大对生态文明建设的监督，建议市（州）和县人大常委会定期听取市（州）和县政府生态文明建设专项工作报告，听取和审议生态文明建设计划、预算执行情况报告，组织相关资源环境专项执法检查，并进行生态文明建设规范性文件备案审查。此外，市（州）和县人大常委会可以对市（州）和县政府及其组成部门生态文明建设中不清楚、不理解、不满意的方面开展质询和问题调查。全面开展对被考核单位工作人员的培训，公布优秀案例及其经验，供有关单位学习参考，为各单位更好地完成生态文明建设相关工作奠定基础。

4）强化考核制度衔接与考核结果的运用。建议将考核结果作为下辖各乡（镇）财政资金等生态文明建设资源配置的重要因素；将考核结果与自然资产离任审计、党政领导干部生态环境损害责任追究办法等相关政策相结合，研究制定具体规定并写入政策实施细则中。对重视生态环境保护、完成生态文明建设任务成绩突出的领导班子给予表彰，相应的领导干部在提拔任用、培训教育、工资晋级时优先考虑。对任期内产生生态环境破坏，发生严重污染事故和自然资产负债严重的党政领导干部给予严惩。

6.2.2 考核指标研究

根据对《青海省生态文明建设目标考核指标体系》和《青海省绿色发展评价指标体系》存在问题的分析，结合祁连山地区各县生态系统服务功能突出的特征，有针对性地提出青海省绿色发展绩效考核指标体系。

6.3 绿色发展绩效指数计算方法研究

开展绿色发展绩效考核首先需要对绿色发展的绩效现状进行评估，并对评估结果进行指数化计算，获得指数即代表绿色发展的绩效，该指数可以用来在祁连山各县之间横向对比，也可以同一个县分年度纵向对比。计算绿色发展绩效指数的基本思路是通过现状分析识别和量化政策目标，明确为实现目标所采取的各种措施。在此基础上，提出表征各个方面工作及其效果的指标。然后收集数据并采用一定的标准化方法，将不同指标转换成同一量纲，建立权重，计算整体绩效分值。最后通过结果分析，提出完善评估方法、改进考核工作的政策建议，具体方案设计如图 6-1 所示。

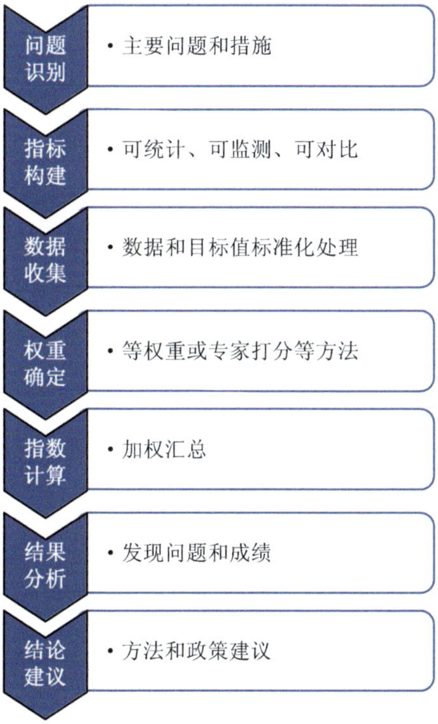

图 6-1 绿色发展绩效评估方法技术路线

6.3.1 指标体系的选择

青海省祁连山区各县（区）绿色发展绩效评估在指标体系的选择方面，主要考虑了如下原则：一是数据统计，数据来源要真实可靠，来自各部门公开发表的年报和公报；二是数据监测，即能够通过监测手段或类似的监督管理手段实施跟踪评估；三是数据对比，即指标在不同区域或城市之间具有的对比性。基于上述原则，提出青海省祁连山区绿色发展绩效评估指标体系，见表 6-1。

表 6-1 青海省祁连山区绿色发展绩效评估指标体系

一级指标	二级指标	三级指标	指标编号
生态保护优先	资源利用	单位资源 GDP 产出率/%	1
		旅游业占 GDP 比重/%	2
		单位面积的生态系统服务价值	3
		单位 GDP 水资源利用量	4
		单位 GDP 能源消耗降低比例/%	5
	环境质量	地表水达到或好于III类水体比例/%	6
		空气质量优良天数比率/%	7
	生态保护	草原综合植被覆盖度/%	8
		森林覆盖度/%	9
		陆域自然保护区面积变化率/%	10
		湿地保护率/%	11
		净初级生产力	12
高质量发展	增长质量	年度生态系统服务价值/GDP 变化率/%	13
		人均生态系统服务价值变化率/%	14
		生态旅游业占 GDP 比重/%	15
		有机、绿色无公害产品产量占农产品产量比重/%	16
		自然保护区面积占国土面积比例/%	17
高品质生活	绿色生活	居民人均可支配收入	18
		人均生态系统生产总值	19
		人均寿命/岁	20
	环境质量满意度	统计调查结果	21
	食品安全满意度	统计调查结果	22

6.3.2 指标目标值的确定

对于绿色发展绩效评估而言，对各指标政策目标的确定尤为重要，合理有效的政策目标既是联系各指标所反映的实际绿色发展绩效与政策调控期望的桥梁，也是数据标准化处理的重要参数，对如实、公平地衡量绿色发展绩效水平具有重要影响。对于各指标目标值的确定有多种思路，既可以确定最终目标，也可以确定阶段性目标，还可以确定其适度变化的目标。在本项目中，不同的指标应用了不同的方法。

规划目标值法：根据社会经济发展“十三五”规划和生态环境保护“十三五”规划以及一些专项规划（以下简称《规划》）作为绿色发展绩效的基本依据。根据《规划》中确定的目标作为指标目标值，如单位 GDP 水资源利用量、单位 GDP 能源消耗降低比例、草原综合植被覆盖度、森林覆盖度和陆域自然保护区面积变化率等指标。

理论目标值法：在理论和经验上可以达到的水平作为目标。如人均生态系统服务价值变化情况、人均寿命、环境质量满意度和食品安全满意度等。

表 6-2 指标目标值及权重

具体指标	编号	权重	目标来源
单位资源 GDP 产出率/%	（1）1	2	规划纲要
旅游业占 GDP 比重/%	（2）2	2	专项规划
单位面积生态系统服务价值	（3）3	2	青海省平均
单位 GDP 水资源利用量	（4）4	2	规划纲要
单位 GDP 能源消耗降低比例/%	（5）5	2	规划纲要
地表水达到或好于III类水体比例/%	（6）6	5	规划纲要
空气质量优良天数比率/%	（7）7	5	规划纲要
草原综合植被覆盖度/%	（8）8	2	规划纲要
森林覆盖度/%	（9）9	2	规划纲要
陆域自然保护区面积变化率/%	（10）10	2	专项规划
湿地保护率/%	（11）11	2	规划纲要
净初级生产力	（12）12	2	青海省平均
年度生态系统生产总值/GDP 变化率/%	（13）13	8	理论值

具体指标	编号	权重	目标来源
人均生态系统服务价值变化情况/%	（14）14	8	理论值
生态旅游业占 GDP 比重/%	（15）15	8	规划纲要
有机、绿色无公害产品产量占农产品产量比重/%	（16）16	8	专项规划
自然保护区面积占国土面积比例/%	（17）17	8	专项规划
居民人均可支配收入	（18）18	3	专项规划
人均生态系统生产总值	（19）19	4	理论值
人均寿命/岁	（20）20	3	理论值
环境质量满意度/%	（21）21	10	理论值
食品安全满意度/%	（22）22	10	理论值

6.3.3 数据标准化方法

采用目标值标准化法，通过将指标值与目标值进行比较将指标值转换成[0，100]之间的标准化值。

当数据越大越好时，$$P_i=\begin{cases}X_i/A_i & X_i<A_i\\ 1 & X_i\geqslant A_i\end{cases}\tag{6-1}$$

当数据越小越好时，$$P_i=\begin{cases}A_i/X_i & X_i>A_i\\ 1 & X_i\leqslant A_i\end{cases}\tag{6-2}$$

式中，P_i —— 指标的标准化值；

X_i —— 某一指标的原始值；

A_i —— 指标的标准值。

6.3.4 分值的确定

绿色发展和可持续发展一脉相承，绿色发展是可持续发展的具体体现，在评估绿色发展绩效时，任何一个组成指标都很重要，绿色发展作为构成完整逻辑框架的一部分，每一类型的指标都是不可或缺的。因此，在评价分值确定方面，采用通常的层次分析法即从一级指标开始层层确定各级指标的总分值，并以等权重的方式拆分到下一级指标当中，即最后一级指标采用等权重的方法来作为指标加权依据。所有指标之和满足等于 100 分（满分）。

$$\sum_{i=1}^{n} W_i = 100 \tag{6-3}$$

6.3.5 绩效指数的计算

计算结果，以规划纲要和专项规划数据为基础，以自评估、自调查和理论值为补充，计算出各年度青海省祁连山区各县的绩效指数。

$$\mathrm{GDPI} = \sum_{i=1}^{n} P_i W_i \tag{6-4}$$

第 7 章

基于生态系统服务价值的青海省祁连山区生态补偿制度研究

7.1 生态补偿政策背景梳理

自 1990 年国务院发布的《关于进一步加强环境保护工作的决定》，提出“谁开发谁保护，谁破坏谁恢复，谁利用谁补偿”和“开发利用与保护增殖并重”的环境保护方针，在确立生态补偿政策后，我国生态补偿机制在实践和政策层面开始陆续发展。党中央、国务院一方面启动了退耕还林、天然林保护、自然保护区生态环境保护与建设等一系列大型生态建设工程，另一方面积极研究制定生态补偿政策。

党的十八大以来，以习近平同志为核心的党中央高度重视生态文明体制改革，把生态文明建设作为统筹推进“五位一体”总体布局和协调推进“四个全面”战略布局的重要内容。据统计，党的十八大以来中央全面深化改革领导小组召开的 40 多次会议中，有 20 多次会议研究与生态文明体制改革相关的议题。其中，2015 年，党中央、国务院出台《生态文明体制改革总体方案》，明确到 2020 年，构建起由自然资源资产产权制度、国土空间开发保护制度、空间规划体系、资源总量管理和全面节约制度、资源有偿使用和生态补偿制度、环境治理体系、环境治理和生态保护市场体系、生态文明绩效评价考核和责任追究制度构成生态文明制度体系，把生态文明建设真正纳入制度化轨道。作为生态文明建设的核心制度，我国生态补偿工作也迈上新台阶，党中央、国务院出台多项生态补偿政策文件，既有对我国生态补偿制度创新路线图的描绘，也有针对流域、长江经济带等重点区域生态补偿工作的部署，我国生态补偿工作已经进入深入发展的新时代。

2018年国务院机构改革，从组成部门安排来看，生态文明建设的管理体制初步理顺，自然资源部整合了国土资源部、国家海洋局、国家测绘地理信息局等有关国家自然资源管理的职能，实现了自然资源管理的大部制，生态环境部在环境保护部的基础上，整合了其他各个部门有关生态和环境保护的职能，实现了生态环境职能的大部制，通过一类事项由一个部门统筹、一个部门负责的原则有效避免政出多门、责任不明、推诿扯皮，破除制约使市场在资源配置中起决定性作用、更好发挥政府作用的体制机制弊端，这对解决我国生态补偿面临的管理多元化、政策碎片化的问题提供了强有力的体制保障。生态补偿工作部际联席会议从原来的13个部门减少到11个，森林、草地、湿地、荒漠、海洋、水流、耕地等重点领域生态补偿牵头部门从6个减少到3个，根据新“三定方案”，由自然资源部牵头建立和实施生态保护补偿制度，生态环境部参与生态保护补偿工作。

这一系列的变化，将带来生态补偿的改革，如何稳中求变，贯彻习近平生态文明“八观”，即深邃历史观、科学自然观、绿色发展观、基本民生观、整体系统观、严密法治观、全民行动观、全球共荣观，建立市场化、多元化生态补偿机制，是摆在我国生态补偿工作面前的一个重要命题。

7.1.1 国家生态补偿政策

数十年来，我国针对森林、草原、荒漠、湿地、流域、水土保持和区域等重点领域先后实施了一系列重大工程，并投入了大量的资金，据初步计算，我国在生态保护与建设方面的政策20余项，投入的资金高达上万亿元，虽然这些政策并不是严格意义上的生态补偿政策，但呈现出了良好的生态与社会效应。

目前已经实施的生态补偿在空间上具有分异特征，在不同省份之间差别较大，总体呈现东南部少西北部多的空间格局。生态补偿政策对经济比较落后但生态功能相对重要的西北和西南地区有所侧重，东北地区居中，华北、华东和华南地区的生态补偿政策较少。内蒙古自治区、陕西省和甘肃省受到13项生态补偿政策的惠益，为全国最高；山西省有 12 项，青海省和宁夏回族自治区有 11 项，也处于较高水平。各自治区受到了生态补偿政策的重点关注，内蒙古自治区有 13 项，宁夏回族自治区有 11 项，新疆维吾尔自治区和西藏自治区有 9 项，广西壮族自治区有 7 项。

从单项政策覆盖范围来看，所有生态补偿政策中（表 7-1），有 2 项在除港澳台以外的 31 个省（自治区、直辖市）全部实施，分别是国家森林生态效益补偿和湿地补贴资金。其余 20 项在部分省份实施，其中，覆盖省份最少的是西藏的生态安全屏障保护与建设和青海的三江源国家生态保护综合试验区；最多为退耕还林（草）工程，在 25 个省实施。森林生态补偿在北方和西部地区分布较多，东部地区分布较少；草原生态补偿惠及北部与西部牧区；荒漠生态补偿侧重西北各省区；水土保持生态补偿集中在内蒙古西部以南、川黔湘三省以北的区域；区域生态补偿在东部沿海地区较少，在其他地区分布较为均匀。流域生态补偿主要集中在长江经济带、京津冀和泛珠三角地区。

表 7-1 各类型生态保护补偿政策

生态保护补偿政策		生态环境效益	社会经济效益
森林	①天然林资源保护工程； ②退耕还林（草）工程； ③“三北”防护林工程； ④沿海防护林体系建设工程； ⑤国家森林生态效益补偿	①长江上游地区森林覆盖率由33.8%增加到40.2%，黄河上中游地区森林覆盖率由15.4%增加到17.6%； ②退耕还林（草）工程区森林覆盖率平均提高3个百分点； ③“三北”防护林工程区森林覆盖率由1977年的5.05%提高到12.4%； ④沿海防护林体系建设工程区森林覆盖率由24.9%提高到36.9%	①林区产业结构有效调整，就业呈现多元化，保险补助政策基本得到落实； ②退耕户通过基本口粮田建设和集中力量精耕细作，粮食单产提高，粮食供应问题得到解决； ③“三北”防护林工程区土地承载力提高，粮食稳产高产； ④沿海防护林体系建设工程区林产业发展，农村产业结构调整
草原	①草原生态保护补助； ②退牧还草工程	①2015年，全国草原综合植被盖度达到54%，较2011年提高3%； ②退牧还草工程区平均植被盖度较2008年提高5%	①牧民收入加快增长； ②牲畜改良率和舍饲比例提高； ③草原承包稳步推进，牧业规模化发展
荒漠	①京津风沙源治理工程； ②沙化土地封禁保护	2009年京津风沙源治理工程区沙化土地总面积较1999年减少116.3万hm^2，森林覆盖率提高，土壤风蚀总量和释尘总量显著下降	农牧业生产条件逐步改善，农牧业产业化发展，加快群众脱贫致富
湿地	湿地补贴资金	湿地保护率由2005年的30.49%提高到2015年的43.51%	

生态保护补偿政策		生态环境效益	社会经济效益
流域	①新安江流域水环境补偿试点； ②汀江—韩江上下游横向生态补偿； ③九洲江上下游横向生态补偿； ④东江流域上下游横向生态补偿； ⑤引滦入津上下游横向生态补偿； ⑥赤水河流域上下游横向生态补偿； ⑦密云水库上游潮白河流域生态补偿； ⑧长江经济带生态保护修复奖励政策	新安江流域、汀江—韩江流域、九洲江流域、东江流域、引滦入津跨省界断面水质均达标（除汀江—韩江流域羊角电站断面）	①产业结构不断优化。第二产业发展放缓，第三产业占GDP比重有所上升； ②助推政府转变发展理念，政绩考核由重GDP向生态环境保护转变，加大了生态环保、现代服务业等考核权重，树立“生态立市”的理念； ③促进企业自觉环保履责，实施清洁生产审核
水土保持	①国家水土保持重点建设工程； ②黄河中上游水土保持重点防治工程； ③长江上中游水土保持重点防治工程	①国家水土保持重点建设工程截至2012年累计综合治理小流域3 800多条，治理水土流失面积5.83万km^2； ②黄河中上游水土保持重点防治工程治理水土流失面积0.92万km^2； ③长江上中游水土保持重点防治工程治理小流域达5 445条，累计完成水土流失治理面积9.58万km^2	①农业生产条件改善，农村产业结构调整； ②高标准基本农田面积增加，耕地资源得到有效保护，土地生产率提高； ③农民收入增加，人居环境改善
区域	①重点生态功能区； ②岩溶地区石漠化综合治理； ③西藏生态安全屏障保护与建设； ④青海三江源国家生态保护综合试验区； ⑤黄土高原地区综合治理	①岩溶地区石漠化综合治理工程截至2015年完成岩溶土地治理面积6.6万km^2，石漠化治理面积2.25万km^2。石漠化扩展态势得到遏制，2008—2012年工程区石漠化土地面积减少7.4%。 ②西藏生态安全屏障保护与建设区截至2014年森林面积增加1 024.2 km^2，灌木林面积增加1 036.7 km^2，沙化土地面积减少10.71万hm^2，生物多样性得到有效保护。 ③青海三江源的生态保护和建设区森林覆盖率由2004年的6.32%提高到2012年的7.01%，沙化防治点植被覆盖度由治理前的不到15%增加到38.2%	①岩溶地区石漠化综合治理工程将治石与治贫相结合，强化生态经济林、林下经济、草食畜牧业、生态旅游业的发展； ②西藏生态安全屏障保护与建设区农牧民生活水平稳步提高，清洁能源使用率大幅提高，农牧区生产生活条件改善； ③青海三江源的生态保护和建设通过实施易地搬迁、加强基础设施建设、发展生态畜牧业等改善农牧民的生活条件，提高生活水平

森林方面。2012 年国家林业局与财政部共同区划界定国家级公益林 18.67 亿亩（国有 10.67 亿亩，集体和个人所有 8 亿亩），其中 13.85 亿亩纳入森林生态效益补偿补助。2013 年将集体和个人所有的国家级公益林补偿补助标准提高到每年每亩 15 元，2016 年将国有的国家级公益林补偿标准提高到每年每亩 8 元，2017 年进一步提高到 10 元。2018 年下达国家级森林生态效益补助资金 175.8 亿元，2016—2018 年累计下达 519.16 亿元。

草原方面。2018 年中央安排资金 187.6 亿元，落实草原禁牧面积 12.1 亿亩，草畜平衡面积 26 亿亩，下达绩效考核奖励近 32 亿元，落实好草原生态保护补助奖励政策，政策实施有力推进了全国草原生态保护恢复进程，促进了草原畜牧业生产方式转变。

湿地方面。2014 年中央 1 号文件指出“完善森林、草原、湿地、水土保持等生态补偿制度”“开展湿地生态效益补偿和退耕还湿试点”。为支持湿地保护与恢复，从 2014 年起，中央财政大幅增加了湿地保护投入，原林业局会同财政部启动了湿地生态效益补偿试点、退耕还湿试点。2017 年，中央财政安排湿地补助 16 亿元。其中，安排湿地生态效益补偿补助 427 亿元，补偿省份由上年的 18 个增加到 23 个；安排退耕还湿补助 3 亿元，退耕还湿任务 30 万亩，比上年增加了 10 万亩，退耕还湿省份由上年的 8 个增加到 12 个。各省在确保完成中央下达的约束性指标的前提下，可根据本省实际，在资金使用范围内统筹使用资金。

水流方面。财政部、国家发展改革委、水利部、中国人民银行联合印发了《水土保持补偿费征收使用管理办法》，加强水土流失重点预防区和重点治理区的防治工作。水利部组织编制了《水流生态保护补偿试点方案》，提出建立水流生态补偿机制的总体思路、框架体系和政策措施建议，为推进水流生态保护补偿试点夯实基础。积极推进水权交易，培育和规范水权市场，2016 年中国水权交易所成立以来，共计交易水量 27.6 亿 m^3，金额 16.85 亿元，其中 2017 年交易水量 13.2 亿 m^3，交易金额 7.86 亿元。

其他方面。2013 年，中央财政建立沙化封禁保护区补助制度。启动实施海洋渔业资源总量管理制度，海洋牧场建设和海洋捕捞渔船减船转产力度持续加大。为支持渔业资源保护。2017 年，中央财政安排 4 亿元，用于支持水生生物资源增殖放流，对渔业种群资源恢复、改善水域生态环境、增加渔业效益和渔业收入、提高社会各界环保意识发挥了积极作用。鼓励地方结合本地实际探索建立耕地保护补偿政策，加大对耕地特别是永久基本农田保护的补偿力度。

作为一项社会经济发展和生态环境保护之间的矛盾协调机制，生态补偿政策在不断提升和维护当地生态服务功能的基础上，也呈现出良好的生态与社会效应。经过补偿，各类生态保护区域面积均有增加，当地生态服务功能得到提升，农牧业生产条件逐步改善，带动了产业结构调整和发展，同时通过易地搬迁、加强基础设施建设、完善社会保障配套政策等多措并举，使当地逐步走上生产发展、生活富裕和生态良好的生态文明发展道路。

7.1.2 青海省生态补偿政策梳理

党的十六届五中全会以来，国家有关部委和青海省根据政策规定，开展了一系列生态补偿试点工作，积极探索建立长效机制，取得了明显成效。从 2000 年开始，国家先后实施了退耕还林（草）、退牧还草、生态公益林保护、天然林资源保护等生态保护工程。2005 年，国务院批准实施了《青海三江源生态保护与建设工程总体方案》，2005—2015 年 10 年间先后投资 65 亿元实施了生态保护建设项目，取得了阶段性成效。2006 年取消了对三江源州、县（区）政府 CDP、财政收入、工业化等经济指标的考核。2008 年，国务院出台了《关于支持青海等省藏区经济社会发展的若干意见》，提出“从青海等省藏区生态地位的重要性和特殊性出发，建立健全生态补偿机制”。2010 年，中共中央、国务院出台《关于加快四川云南甘肃青海四省藏区经济社会发展的意见》，再次明确提出“加快建立生态补偿机制，完善一般性转移支付办法，结合国家级主体功能区规划，加大对国家重点生态功能区转移支付力度”。2010 年开始，围绕生态环境保护与建设、改善农牧民生产生活条件和提升基层政府基本公共服务能力 3 个方面，按照“突出重点、低标准起步”的原则，制定并实施了“一主八辅”的三江源地区生态补偿机制逐步建立。2018 年青海省政府出台了《关于健全生态保护补偿机制的实施意见》，要求“不断完善转移支付制度，拓展资金投入渠道，全面建立、完善、落实多元化生态保护补偿机制，逐步扩大补偿范围和对象，合理确定、提高补偿标准，进一步筑牢神态安全屏障”。根据要求精神，“三江源模式”的生态补偿机制业已日渐成熟，一些优秀做法和经验应在青海省范围内先行推广。

目前，青海省已实施的生态补偿完全属于政府主导型的生态补偿，而且是中央政府为主体的纵向型生态补偿。补偿资金主要来源为国家批准实施的重点生态保护工程及重点生态功能区转移支付等直接补偿以及基于一般性转移支付的间接生态补偿。青海省生态补偿涉及森林、草原、湿地、重点生态功能区转移支付以及与生态保护有关的三大工程等。

在森林生态补偿方面，青海省从 2000 年开始退耕还林，2014 年第一轮退耕还林结束，2015 年开始新一轮退耕还林。2004 年，青海省启动实施公益林森林生态效益补偿工作，中央将青海省 100 万亩国家重点公益林纳入第一批森林生态效益补偿范围。2006 年又将 640.9 万亩国家重点公益林纳入中央第二批森林生态效益补偿范围，至 2012 年，中央累计将青海省 74.1 万亩国家重点公益林纳入中央财政森林生态效益补偿范围。天保工程二期时间为 10 年，即 2010—2020 年，总面积为 39.13 万 km^2。三北防护林五期工程规划即 2011—2020 年。

在草原生态补偿方面，主要实施了“1+9+3”教育经费保障政策、异地办学奖补政策、农牧民技能培训和转移就业补偿政策、生态移民燃料费补助政策、生态移民生活困难补助政策、生态移民创业扶持政策、草原日常管护政策、草原生态保护补助奖励政策。其中草原生态保护补助奖励政策自 2011 年以来，国家先后在 13 个省（自治区）启动实施了草原生态保护补助奖励政策。自 2011 年以来，每年下达青海省补助奖励资金 19.47 亿元，实施禁牧面积 2.45 亿亩，草畜平衡面积 2.29 亿亩，对 171.2 万户牧户生产资料进行综合补助。

青海省还在三江源工程范围内实施了包括“1+9+3”教育经费保障补偿、异地办学奖补、农牧民技能培训和转移就业、生态移民燃料补助费、三江源生态移民生活困难补助、生态移民创业扶持资金、重点生态功能区生态环境监测与评估、重点生态功能区草原日常管护经费补偿、禁牧与草畜平衡和牧民生产资料补贴等生态补偿政策。

在湿地生态补偿方面，青海省湿地生态效益补偿由青海省林业厅负责实施。青海省湿地面积为 814.36 万 hm^2，湿地面积位居全国第一。2014 年，财政部、国家林业局将青海省青海湖国家级自然保护区及周边列为首批开展湿地生态效益补偿试点的地区，投入补偿资金 4 000 万元。

在重点生态功能区转移支付方面、青海省重点生态功能区转移支付主要由青海省财政厅负责实施。2013 年，青海省政府颁布了《青海省重点生态功能区转移支付试行办法》（青政办〔2013〕131 号，以下简称《试行办法》）。《试行办法》对转移支付范围，重点生态功能区转移支付资金的分配方式、方法和资金管理有了较为明确的规定，自《试行办法》颁布以来，中央财政对青海省重点生态功能区三江源、祁连山及青海湖等区域内的 26 个县（表 7-2）的转移支付资金，从 2008 年的 6.27 亿元逐步增加到 2015 年的 20.74 亿元，转移资金量年均增长 18.64%，有力的保障了重点生态功能区的生态环境保护。

表 7-2　青海省重点生态功能区所涉县（区）

功能区名称	行政区域名称	行政区域个数
三江源草原草甸湿地生态功能区	同仁县、尖扎县、泽库县、河南县、共和县、同德县、贵德县、兴海县、贵南县、玛沁县、班玛县、甘德县、达日县、久治县、玛多县、玉树县、杂多县、称多县、治多县、囊谦县、曲麻莱县、格尔木市	22 个县（市）
祁连山冰川与水源涵养生态功能区	门源县、祁连县	2 个县
青海湖草原湿地生态功能区	刚察县、海晏县、天峻县	3 个县

7.1.3　祁连山地区生态补偿政策实施现状

青海省的主要生态补偿政策，如退耕还林，公益林生态效益补偿、天然林资源保护、湿地生态补偿、禁牧和草畜平衡补偿、退牧还草、三北防护林工程、重点生态功能区转移支付以及其他类型的生态补偿政策等在祁连山地区均有实践。通过对各项生态补偿政策可收集到的生态补偿汇总（表 7-3），祁连山地区退耕还林相关的生态补偿投入资金最多，2010—2015 年，海东市累计投入 16.8 亿元，海北州累计投入 3.4 亿元，海西州累计投入 2.6 亿元。其次是草原保护补助奖励 21.5 亿元和国家重点生态功能区转移支付资金 7.36 亿元，占比相对大，增速快。森林相关的生态补偿投入也有一定数额，例如，天然林资源保护工程和三北防护林建设工程投入资金总和约占总补偿金额的 14%。

表 7-3 各项生态补偿政策生态补偿金额 单位：亿元

补偿类型	退耕还林	天然林资源保护工程	三北防护林工程	草原生态保护补助	退牧还草	重点生态功能区转移支付	合计
海东市	16.8	3.9	1.5	1.2	—	0.06	23.46
海北州	3.4	2.0	0.3	8.4	0.7	5.80	20.60
海西州	2.6	—	1.1	11.9	1.2	1.50	18.20
总计	22.8	5.9	2.9	21.5	1.9	7.36	62.26

7.2 以生态系统服务价值评估为导向的生态补偿制度研究

7.2.1 生态补偿标准确定

目前，生态补偿标准参照以下 4 个方面的价值进行初步核算，生态保护者的投入和机会成本的损失；生态受益者的获利；生态破坏的恢复成本；生态系统服务的价值。

为了有效地保护生态环境，将以此投入的人力、物力和财力纳入补偿标准的计算中。同时，由于生态保护者要保护生态环境，牺牲了部分的发展权，这一部分机会成本也应纳入补偿标准的计算中。

生态受益者没有为自身所享有的产品和服务付费，使得生态保护者的保护行为没有得到应有的回报，产生了外部性。为使生态保护的这部分外部性内部化，需要生态受益者向生态保护者支付这部分费用；可通过产品或服务的市场交易价格和交易量来计算补偿的标准。通过市场交易来确定补偿标准简单易行，同时有利于激励生态保护者采用新的技术来降低生态保护的成本，促使生态保护的不断发展。

资源开发活动会造成一定范围内的植被破坏、水土流失、水资源破坏、生物多样性减少等，直接影响到区域的水源涵养、水土保持、景观美化、气候调节、生物供养等生态服务功能，减少了社会福利。因此，按照谁破坏谁恢复的原则，需要通过环境治理与生态恢复的成本核算作为生态补偿标准的参考。

生态服务功能价值评估主要是针对生态保护或者环境友好型的生产经营方式所产生的水土保持、水源涵养、气候调节、生物多样性保护、景观美化等生态服务功能价值进行综合评估与核算。国内外已经对相关的评估方法进行了大量的研究。就目前的实际情况，由于在采用的指标、价值的估算等方面尚缺乏统一的标准，且在生态系统服务功能与现实的补偿能力方面有较大的差距。因此，一般按照生态系统服务功能计算出的补偿标准只能作为补偿的参考和理论上限值。

（1）基于生态系统服务价值的生态补偿标准计算

本书从生态系统服务功能的角度，初步核算了祁连山区生态补偿标准。确定基于生态系统服务价值核算结果的生态补偿指标，只能把具有流动，且给其他地区带来惠益的指标作为生态补偿指标。为此，确定气候调节、水源涵养（含冰川径流调节）、固碳释氧、土壤保持、防风固沙等指标作为青海省祁连山区生态补偿标准。同时，这些具有流动的生态补偿指标也不是全部都给其他地方惠益的，还有维护本地生态系统正常运行的服务量，因此，需要确定生态补偿系数。根据参考文献，祁连山区以 0.6 作为生态补偿系数。

本项目以青海省祁连山区天峻县、门源县、海晏县、祁连县、刚察县、互助县、民和县和乐都区 8 个县（区）为研究区域，核算了各县气候调节、水源涵养（含冰川径流调节）、固碳释氧、土壤保持、防风固沙五大类生态系统服务的价值量（图 7-1）。根据计算结果可以看出，祁连山区天峻县和祁连县的生态补偿标准最高，天峻县基本保持在年均 800 亿～900 亿元，祁连县保持在年均 500 亿～600 亿元。相对来说，海东州的互助县、民和县和乐都区的生态补偿标准相对最低，3 县总和约为 100 亿元。

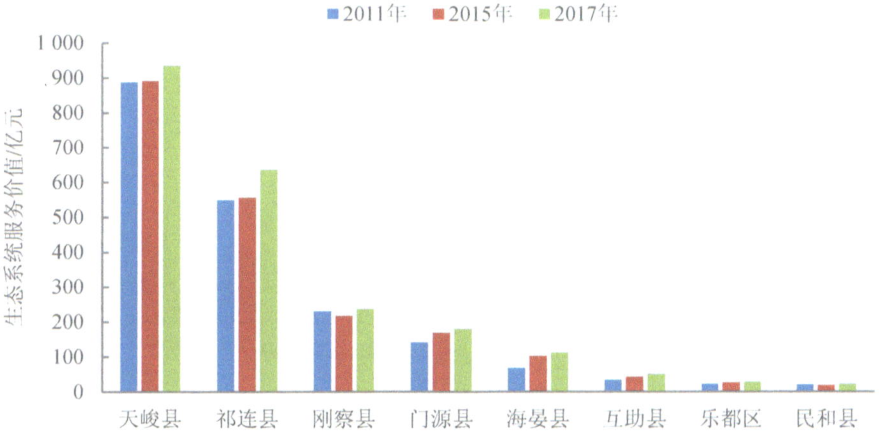

图 7-1　2011 年、2015 年、2017 年祁连山区分行政区域生态补偿指标的生态系统服务价值

按照服务类型来看，各项生态补偿指标的生态系统服务价值差异较大，其中气候调节的服务价值最高占到了 80%以上，其次是水源涵养和土壤保持，固碳释氧两项服务的价值较低，二者总和仅有 40 亿～50 亿元（图 7-2）。

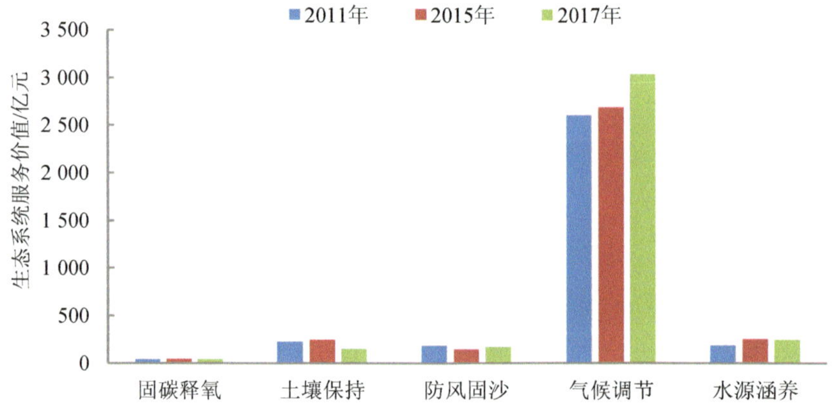

图 7-2　2011 年、2015 年、2017 年祁连山区分服务类型的生态补偿指标生态系统服务价值

对 2017 年各县 GDP、生态补偿实际投入与基于生态系统服务价值计算的生态补偿标准进行对比，可以看出除了互助、乐都和民和 3 县（区）外，其他各县生态系统服务价值均远高于当地 GDP，且生态系统服务价值最高的天峻县实际获得的生态补偿投入低于刚察县、海晏县、祁连县和门源县（图 7-3）。

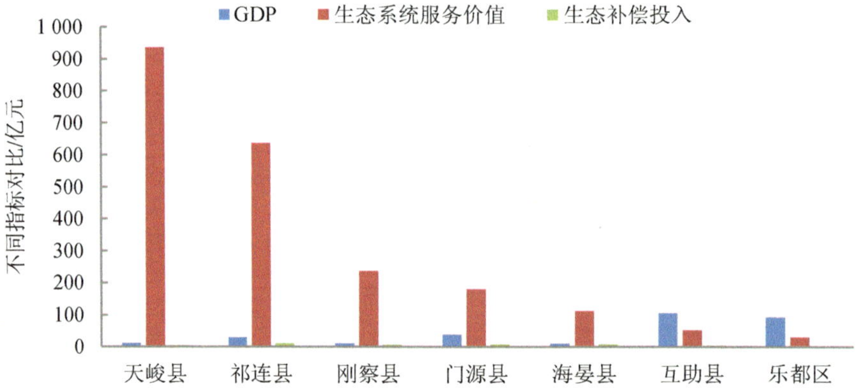

图 7-3　2017 年祁连山各县（区）GDP、生态补偿投入和生态补偿指标生态系统服务价值对比

单位面积生态补偿生态系统服务价值分布相对较为平均，即使生态系统服务价值较低的互助县、民和县与乐都区由于土地面积小，所以每平方千米提供的生态系统服务价值在 200 万元左右。各县中单位面积生态系统服务价值最高的为祁连县，2017 年达到了 513 万元/km^2（图 7-4）

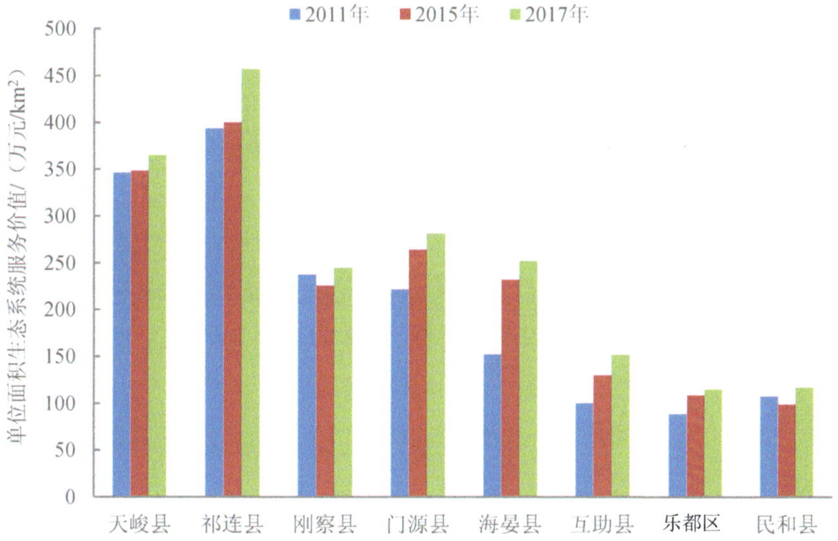

图 7-4　2011 年、2015 年、2017 年祁连山各县（区）单位面积生态补偿指标的生态系统服务价值

从总量上来看，祁连山地区基于生态补偿指标的生态系统服务价值较高，特别是天峻县和祁连县蕴藏着巨大的生态系统服务价值。通过与经济指标对比可以看出，海西州、海北州地区生态系统服务价值高，经济水平低，生态补偿投入低，亟需进一步扩大生态补偿投入来维持当地生态保护—经济发展的平衡。而海东地区经济水平高于生态系统服务价值，同时又直接受益于来自海西和海北的生态系统服务（水源涵养、气候调节和防风固沙等），因此可以考虑在青海省内实施一定比例的转移支付调节两地生态—经济发展不平衡的趋势。

综上所述，祁连山生态补偿指标的生态系统服务价值总量和单位面积生态系统服务价值量完全可以作为生态补偿标准的上限加以参考。但由于数据的缺乏，当地发展机会成本和生态环境保护实际投入资金缺少估算依据，因此本项目将已实施多年且较为成熟的三江源生态补偿实际投入与三江源生态系统服务价值的对比作为祁连山区生态补偿标准下限制定的参考依据。

（2）基于三江源区生态补偿现状的生态补偿标准计算

三江源区包括玉树藏族自治州（简称玉树州）、果洛藏族自治州（简称果洛州）、海南州、黄南州共 4 个州的 16 个县以及格尔木市代管的唐古拉山乡，总面积为 36.37 万 km^2，约占青海省总面积的 50.4%。三江源区已实施的生态补偿完全属于政府主导型的生态补偿，而且是以中央政府作为主体的纵向生态补偿。2008 年财政部印发《关于下达 2008 年三江源等生态保护区转移支付资金的通知》（财预〔2008〕495 号），以一般性转移支付形式，给三江源区通过提高部分县区补助系数等方式给予生态补偿。财政部要求省、市两级财政也要逐步提高对上述生态功能县的补助水平，享受此项转移支付的基层政府要及时将转移支付用于涉及民生的基本公共服务领域，并加强监督和管理，切实提高公共服务水平。2005 年以来，三江源区大部分县中央财政的转移支付占总财政收入 90%以上。三江源区生态补偿工作以 2008 年实施的生态补偿财政转移支付为重点，是主要基于《财政部关于下达 2008 年三江源等生态保护区转移支付资金的通知》（财预〔2008〕495 号）、《国家重点生态功能区转移支付办法》（财预〔2011〕428 号）、《2012 年中央对地方国家重点生态功能区转移支付办法》（财预〔2012〕296 号）等文件政策实施的生态保护资金补偿以及基于财政转移支付的间接生态补偿。按三江源区生态补偿的概念与目标，现有的三江源区生态补偿主要分为生态工程补偿、农牧民生产生活补偿及公共服务能力补偿。

根据不完全统计，2010—2017 年，三江源区各县在生态保护与建设方面的生态补偿投入为 70.6 亿元/a，在居民生产生活改善方面的投入为 81.3 亿元，在基本公共服务能力方面的投入为 47.6 亿元/a，总计投入 199.5 亿元/a 的生态补偿资金量来维持。根据三江源区的面积折算，每年每平方千米生态补偿金投入约为 5.49 万元。

唐小平等对青海全省生态系统服务价值评估中对三江源生态系统服务价值核算结果分析，按照本项目相同口径计算且按照相同生态补偿系数修正后，三江源区 1998—2012 年，年均生态补偿指标的生态系统服务价值为 6 110 亿元，单位面积的生态系统服务价值约在 168 万/km^2，单位面积的生态系统服务价值和生态补偿投入比为 1∶0.033。按照该比例估算，祁连山区应获得生态补偿投入在 73 亿～80 亿元，各县根据生态系统服务价值高低所需获得生态补偿投入也有差异（图 7-5）。

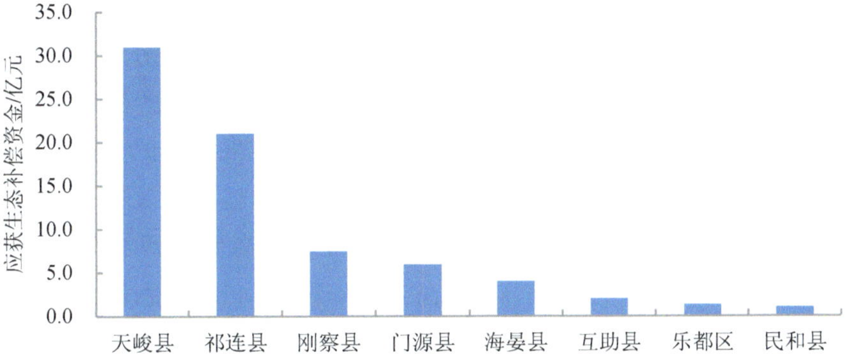

图 7-5 祁连山区各县（区）参照三江源生态补偿标准的应获生态补偿资金

祁连山区目前每年投入生态补偿资金 10 亿～20 亿元，按照各县已获得生态补偿资金进行扣减，祁连山区每年仍有 50 亿～60 亿元的生态补偿资金缺口，但从生态系统服务价值的角度来看，需要更多生态补偿资金的只有天峻县、祁连县、刚察县、门源县和海晏县，而互助县、乐都区和民和县目前已有生态补偿资金已超过其应投入的补偿资金（图 7-6）。

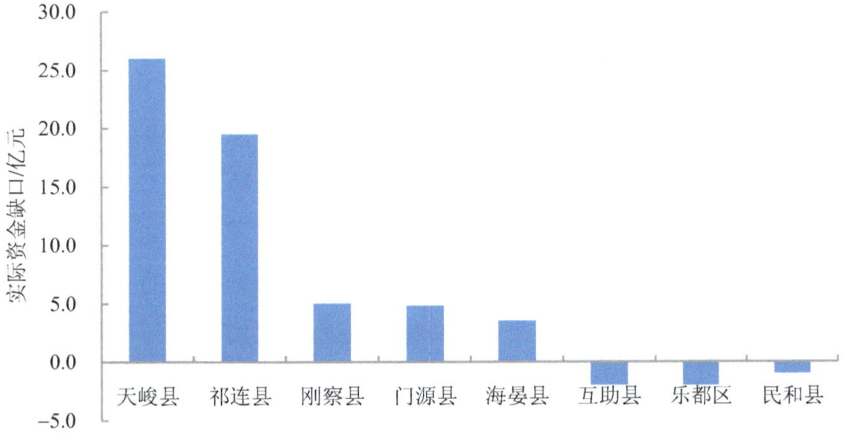

图 7-6 祁连山区各县扣除已有生态补偿后的实际资金缺口

7.2.2 现行补偿制度存在的问题

根据本项目研究结果，现行生态补偿制度存在较大问题。首先，在省级层面，青海省的生态补偿政策存在生态功能区专项生态补偿资金不平衡，祁连山地区生态系统服务价值被低估，县域生态服务功能与生态系统价值不匹配等问题。具体到祁连山地区则体现在生态保护补偿范围偏小、标准偏低，保护者和受益者良性互动的体制机制尚不完善，在一定程度上影响了生态环境保护措施行动的成效。

国家发展改革委已经将祁连山生态补偿示范区纳入国家西部大开发“十三五”规划，2019 年 9 月，习近平总书记在主持召开黄河流域生态保护和高质量发展座谈会上发表重要讲话也两次提到祁连山为水源涵养重点生态功能区，应加以保护并创造更大的生态价值。但目前祁连山保护区生态补偿力度明显不足，缺少生态补偿标准、补偿范围、补偿机制、补偿模式、政策约束等方面的具体政策办法，与保护区生态环境问题整治、生态保护和高质量发展的需要不相适应。

从本项目的研究结论可以看出，青海省祁连山地区蕴藏有巨大的生态系统服务价值，与三江源区相比生态系统服务价值基本一致甚至更高，应加以保护和合理利用。但各县的生态系统服务价值空间分布不均匀，县级财政收入与生态系统服务价值不匹配等问题都需要在生态补偿和财政转移支付政策中有针对性的提出并加以解决。

首先，青海全省范围内有退耕还林、公益林保护、天然林保护、三北防护林、湿地保护、草原保护、退牧还草等数十项生态补偿政策每年累计投入资金上百亿元。另外，三江源地区还有“1+9+3”专项生态补偿政策。但以上各项生态补偿政策的补偿标准制定和绩效考核均未使用生态系统服务价值作为参照指标，导致补偿带来的生态环境效益无法定量考核。

以重点生态功能区转移支付为例，按照《试行办法》划分的支付范围，祁连山区水源涵养价值最大的天峻县并不在目前划定的祁连山冰川与水源涵养生态功能区内。从分配方法来看，三江源生态功能区享有三江源生态补偿专项资金支持，而其他县仅有生态保护引导性补助和绩效补助奖励两项资金来源。其中，县级生态保护引导性补助的计算方法与该县标准收支缺口，生态功能区面积和县人口总数有关。而县绩效奖励补助主要与县生态补偿政策落实情况，县环境保护目标考核和县生态环境质量考核。

从《试行办法》的规定和实际补助的情况来看，主要存在以下问题：

1）生态补偿标准低。祁连山区以及其涉及的祁连山冰川水源涵养生态功能区与青海湖草原湿地生态功能区生态补偿标准低，生态补偿实际投入远不能满足生态保护建设和人居生活水平改善需求。通过与类似的三江源区生态系统服务价值产出基准对比后发现，祁连山区的生态系统服务价值没有在生态补偿投入标准的制定中得到体现，生态服务功能的价值被严重低估。

2）配套制度不健全。祁连山冰川水源涵养生态功能区和青海湖草原湿地生态功能区缺少专项补偿资金和补偿办法用来优化重点生态功能区转移支付资金的筹集和分配，导致祁连山区和三江源区在补偿金总量上的差距进一步拉大。另外从生态系统服务价值的角度来分析，祁连山区补偿资金分配也存在不平衡的问题，以个人需求为核算对象的生态补偿资金分配方法是导致这一现象产生的主要原因。

3）绩效考核方法效率低。目前生态补偿资金的绩效考核所采用的都是基于森林、草原等领域活动类型的绩效考核方式，但随着农（牧）户与地方政府之间的信息不对称程度增加，如果要实施基于活动类型的绩效考核机制，会面临非常高的监督管理成本，需要监管环境服务提供者是否按照合约的规定采取了特定的土地利用方式，监管特定的土地利用方式是否产生了预期的环境服务，如果要实现高效率的监管需要投入巨大成本，导致整个绩效考核的效率降低。区域性的综合生态补偿机制的实际效果往往受到其他生态政策的影响。各项生态补偿政策相互叠加和相互作用，使对单项政策的绩效考核存在困难，无法反映生态补偿资金投入与生态系统服务增值的直接关系，县级绩效考评手段和方法有待进一步加强。

7.2.3 制度改进建议

针对以上问题，建议地方政府从以下 3 个方面进一步优化《试行办法》和建立相关配套制度。

1）以生态系统服务价值评估结果为依据，调整生态功能区行政范围，建议将天峻县从青海湖草原湿地功能区调整到祁连山冰川与水源涵养生态功能区，便于重点生态功能区的统筹管理。另外，根据生态系统服务价值评估结果，提高祁连山区生态补偿标准，根据农田、草地、林地、湿地等不同土地利用类型的核算结果、农牧民分布情况以及采矿权退出情况，进一步细化生态补偿标准测算依据，提出生态补偿标准完善建议，加快制定祁连山区生态补偿标准。

2）修订《青海省重点生态功能区转移支付试行办法》（青政办〔2013〕131号），对祁连山冰川与水源涵养生态功能区的区划行政范围提出优化建议，加强该区域的补偿资金分配，优化绩效考核方式方法。参照《三江源生态补偿机制试行办法》，建议制定《祁连山生态补偿机制试行办法》，建立祁连山区冰川与水源涵养生态功能区专项资金。

3）研究制定基于生态系统服务价值核算的生态补偿绩效考核制度，对现绩效考核制度进行完善。首先，基于生态系统服务价值评估进行的生态补偿绩效考核是一种基于生态系统服务产出的直接考核。与基于活动产出的考核相比，基于生态系统服务产出的生态补偿绩效考核可以给予受偿主体更为直接的激励，有效解决因为补偿主体与受偿主体之间信息不对称所导致的补偿无效率。此外，基于生态系统服务价值评估的考核能够激发受偿主体在生态系统服务供给方面的创新潜力，有利于充分运用受偿主体在生态系统管理方面的知识经验，提升补偿资金的使用效率。其次，以生态系统服务价值评估作为生态绩效考核的核心指标可以更加真实地反映生态系统服务的实际状况，在一定程度上减少指标扭曲对于生态补偿效率的影响。最后，从生态系统服务价值评估指标本身的核算角度来看，借助GIS、RS、GPS 等现代化技术，生态系统服务价值评估核算的基础数据获取更为便捷、准确，实施监测的成本更低。

附　录

附表 1　青海省祁连山区各生态系统调节服务实物量核算结果

一级指标	二级指标	三级指标	单位	2011 年	2015 年	2017 年
气候调节	气候变化减缓	固碳量	万 t	469.89	465.88	456.54
		释氧量	万 t	356.66	355.03	344.09
	微气候调节	降温增湿能量	亿 kW·h	8 682.04	8 385.20	8 690.30
环境质量调节	水质净化	COD 排放量	万 t	1.16	2.15	1.16
		氨氮排放量	万 t	0.12	0.14	0.12
	空气净化	SO_2 排放量	万 t	2.71	2.34	2.02
		NO_x 排放量	万 t	1.92	1.63	0.92
		烟粉尘排放量	万 t	4.72	8.29	5.23
水文调节	水文调节	水源涵养	亿 m^3	30.69	35.42	29.83
		洪水调蓄	亿 m^3	0.34	0.34	0.34
土壤保持	土壤保持	土壤保持量	万 t	21 204.53	20 962.02	12 511.18
防风固沙	防风固沙	防风固沙量	万 t	1 937.54	1 419.79	1 614.09
文化服务	休闲娱乐	旅游人数	万人	505.1	1 023.77	1 469.34

附表 2　青海省祁连山区各生态系统功能价值量核算参数

一级指标	二级指标	三级指标	成本/价格		
			2011 年	2015 年	2017 年
气候调节	气候变化减缓	固碳量	29.21 元/t	23.72 元/t	34.79 元/t
		释氧量	1 144.95 元/t	1 246.58 元/t	1 271.51 元/t
	微气候调节	降温增湿	0.30 元/(kW·h)	0.32 元/(kW·h)	0.35 元/(kW·h)
环境质量调节	空气净化	SO_2 治理	1 123 元/t	1 084 元/t	1 148 元/t
		NO_x 治理	3 227 元/t	3 115 元/t	3 300 元/t
		烟粉尘治理	247 元/t	239 元/t	253 元/t
	水质净化	COD 治理成本	20.9 元/kg	21.5 元/kg	22.8 元/kg
		氨氮治理成本	7.7 元/kg	7.9 元/kg	9.25 元/kg
水文调节	水文调节	径流调节	6.27 元/m^3	7.19 元/m^3	8.51 元/m^3
		洪水调蓄	6.27 元/m^3	7.19 元/m^3	8.51 元/m^3
土壤保持	土壤保持	减少泥沙淤积	6.11 元/m^3	7.11 元/m^3	8.11 元/m^3
		氮转换	900 元/t	1 000 元/t	1 050 元/t
		磷转换	2 300 元/t	2 500 元/t	2 550 元/t
		钾转换	1 800 元/t	2 000 元/t	2 050 元/t
		有机质转换	280 元/t	300 元/t	350 元/t
防风固沙	防风固沙	防风固沙	132.88 元/m^2	142.88 元/m^2	152.88 元/m^2
生物多样性	栖息地与基因库保护	0<BI 等级<1	3 000 元/hm	4 010 元/hm	4 050.1 元/hm
		1<BI 等级<2	5 000 元/hm	6 680 元/hm	6 746.8 元/hm
		2<BI 等级<3	10 000 元/hm	13 350 元/hm	13 483.5 元/hm

参考文献

[1] 秦玉峰. 祁连县农牧业产业发展情况调研报告[J]. 青海畜牧兽医杂志，2018，48（3）：44-47.

[2] 互助县农牧局. 转变发展方式 增加农民收入——互助县农牧局工作剪影[J]. 中国土族，2017（4）：52.

[3] 赵青山. 互助县生态循环畜牧业发展现状及建议[J]. 青海畜牧兽医杂志，2015，45（1）：37-38.

[4] 赵元顺. 祁连县生态文化旅游的发展[J]. 群文天地，2012（17）：30-33.

[5] 刘海舟，马志毅. 门源县旅游业发展现状及对策[J]. 青海金融，2010（4）：29-31.

[6] 耿筱青，陈蓉. 青海省旅游市场营销策略初探——以海晏县为例[J]. 青海民族大学学报（社会科学版），2011，37（3）：149-152.

[7] 嫚科. 青海省海晏县草原旅游资源的保护现状与对策[J]. 畜牧与饲料科学，2013，34（Z1）：68-69.

[8] 欧阳志云，王效科，苗鸿. 中国陆地生态系统服务功能及其生态经济价值的初步研究[J]. 生态学报，1999（5）：19-25.

[9] 谢高地，张彩霞，张昌顺，等. 中国生态系统服务的价值[J]. 资源科学，2015，37（9）：1740-1746.

[10] 傅伯杰，于丹丹，吕楠. 中国生物多样性与生态系统服务评估指标体系[J]. 生态学报，2017，37（2）：341-348.

[11] 国家林业局，LY/T 1721—2008 森林生态系统服务功能评估规范[M]. 北京：中国标准出版社，2008.

[12] 崔丽娟，庞丙亮，李伟，等. 扎龙湿地生态系统服务价值评价[J]. 生态学报，2016，36（3）：828-836.

[13] 刘秀丽，张勃，任媛，等. 五台山地区草地生态系统服务价值估算[J]. 干旱区资源与环境，

2015，29（5）：24-29.

[14] 刘永杰，王世畅，彭皓，等. 神农架自然保护区森林生态系统服务价值评估[J]. 应用生态学报，2014，25（5）：1431-1438.

[15] 高艳妮，李岱青，蒋冲，等. 基于能值理论的三江源区生态系统服务物质当量研究[J]. 环境科学研究，2017，30（1）：101-109.

[16] 李丽锋，惠淑荣，宋红丽，等. 盘锦双台河口湿地生态系统服务功能能值价值评价[J]. 中国环境科学，2013，33（8）：1454-1458.

[17] 孟范平，李睿倩. 基于能值分析的滨海湿地生态系统服务价值定量化研究进展[J]. 长江流域资源与环境，2011，20（S1）：74-80.

[18] 汤萃文，杨莎莎，刘丽娟，等. 基于能值理论的东祁连山森林生态系统服务功能价值评价[J]. 生态学杂志，2012，31（2）：433-439.

[19] 付梦娣，李俊生，章荣安，等. 浙江省南部山区生态系统服务价值评估[J]. 生态经济，2016，32（4）：189-193，198.

[20] 江波，张路，欧阳志云. 青海湖湿地生态系统服务价值评估[J]. 应用生态学报，2015，26（10）：3137-3144.

[21] 张丽云，江波，肖洋，等. 洞庭湖生态系统最终服务价值评估[J]. 湿地科学与管理，2016，12（1）：21-25.

[22] 於方，王金南，曹冬，等. 中国环境经济核算技术指南[M]. 北京：中国环境出版社，2009.

[23] 王纲胜，夏军，谈戈，等. 潮河流域时变增益分布式水循环模型研究[J]. 地理科学进展，2002（6）：573-582.

[24] 夏军，叶爱中，王纲胜. 黄河流域时变增益分布式水文模型（Ⅰ）——模型的原理与结构[J]. 武汉大学学报（工学版），2005（6）：10-15.

[25] 饶恩明，肖燚，欧阳志云. 中国湖库洪水调蓄功能评价[J]. 自然资源学报，2014，29（8）：1356-1365.

[26] Marques M J，R Bienes，L Jimenez，et al. Effect of vegetal cover on runoff and soil erosion under light intensity events. Rainfall simulation over USLE plots[J]. Science of the Total Environment，2007，378（1-2）：161-165.

[27] Diodato N，G Bellocchi. Estimating monthly（R）USLE climate input in a mediterranean region using limited data[J]. Journal of Hydrology，2007，345（3-4）：224-236.

[28] 江忠善，郑粉莉. 坡面水蚀预报模型研究[J]. 水土保持学报，2004（1）：66-69.

[29] 梁音，史学正. 长江以南东部丘陵山区土壤可蚀性 K 值研究[J]. 水土保持研究，1999（2）：48-53.

[30] 刘宝元，史培军. WEPP 水蚀预报流域模型[J]. 水土保持通报，1998（5）：7-13.

[31] 潘建平. RUSLE 及其影响因子的快速计算分析[J]. 地质灾害与环境保护，2008（1）：88-92.

[32] 汪邦稳，杨勤科，刘志红，等. 基于 DEM 和 GIS 的修正通用土壤流失方程地形因子值的提取[J]. 中国水土保持科学，2007（2）：18-23.

[33] 周伏建，陈明华，林福兴，等. 福建省降雨侵蚀力指标的初步探讨[J]. 福建水土保持，1989（2）：58-60.

[34] 林敬兰，陈明华，周伏建，等. 闽南地区地形坡度与土壤侵蚀的关系研究[J]. 福建农业学报，2002（2）：86-89.

[35] 盛莉，金艳，黄敬峰. 中国水土保持生态服务功能价值估算及其空间分布[J]. 自然资源学报，2010，25（7）：1105-1113.

[36] Gutman G，A Ignatov. The derivation of the green vegetation fraction from NOAA/AVHRR data for use in numerical weather prediction models[J]. International Journal of Remote Sensing，1998，19（8）：1533-1543.

[37] 周方文，马田田，李晓文，等. 黄河三角洲滨海湿地生态系统服务模拟及评估[J]. 湿地科学，2015，13（6）：667-674.

[38] 周学红，马建章，张伟，等. 运用 CVM 评估濒危物种保护的经济价值及其可靠性分析——以哈尔滨市区居民对东北虎保护的支付意愿为例[J]. 自然资源学报，2009，24（2）：276-285.

[39] 白健，刘健，余坤勇，等. 基于 InVEST-Biodiversity 模型的闽江流域生境质量变化评价[J]. 中国科技论文，2015，10（15）：1782-1788.

[40] 陈鑫峰，王雁. 森林游憩业发展回顾[J]. 世界林业研究，1999（6）：32-37.

[41] 马耀峰，赵义. 陕西旅游资源评价研究[M]. 北京：科学出版社，2007.

[42] 胡健，吕一河，张琨，等. 祁连山排露沟流域典型植被类型的水源涵养功能差异[J]. 生态学报，2016，36（11）：3338-3349.

[43] 任小凤，赵维俊. 全球变化下祁连山生态安全屏障的构建与保护[J]. 环境研究与监测，2018，31（3）：14-18.

[44] 张彩南，张颖. 青海省祁连山国家公园生态系统服务价值评估研究[J]. 环境保护，2019，

47（Z1）：41-47.

[45] 欧阳志云，靳乐山. 面向生态补偿的生态系统生产总值（GEP）和生态资产核算[M]. 北京：科学出版社，2018.

[46] 范小杉，高吉喜，温文. 生态资产空间流转及价值评估模型初探[J]. 环境科学研究，2007（5）：160-164.

[47]《三江源生态补偿长效机制研究》课题组. 三江源生态补偿长效机制研究[M]. 北京：科学出版社，2016.